U0178907

海洋机器人科学与技术丛书
封锡盛 李 硕 主编

水下仿生智能机器人

喻俊志 吴正兴 谭 民 著

科 学 出 版 社
龙 门 書 局
北 京

内 容 简 介

自然进化赋予生物优异的运动及环境适应能力，为人工系统创新提供了启迪。本书围绕水下仿生智能机器人，系统阐述了作者所研发的仿生机器鱼、仿生机器水母和两栖机器人的系统设计与智能控制技术，主要包括：机器鱼的仿生设计与运动控制、主动视觉跟踪系统、目标跟随控制、三维跟踪控制、机器水母的仿生设计与智能控制、两栖机器人多模态运动与行为控制。本书为海洋机器人设计与智能控制提供了方法和技术参考，也为智能机器人研究提供了有益借鉴。

本书理论与实践相结合、内容新颖、系统实用，可作为普通高等院校从事水下仿生及海洋机器人研究的教师的参考书，也可作为相关专业研究生、本科生和工程技术人员的科研资料和辅助读物。

图书在版编目(CIP)数据

水下仿生智能机器人/喻俊志，吴正兴，谭民著. —北京：龙门书局，2020.11

(海洋机器人科学与技术丛书/封锡盛，李硕主编)

国家出版基金项目

ISBN 978-7-5088-5814-2

Ⅰ.①水… Ⅱ.①喻… ②吴… ③谭… Ⅲ.①水下作业机器人 Ⅳ.①TP242.2

中国版本图书馆 CIP 数据核字(2020)第 204160 号

责任编辑：王喜军 狄源硕 张 震/责任校对：杨 然
责任印制：师艳茹/封面设计：无极书装

科学出版社 出版
龙门书局

北京东黄城根北街 16 号
邮政编码：100717
http://www.sciencep.com

中国科学院印刷厂 印刷

科学出版社发行 各地新华书店经销

*

2020 年 11 月第 一 版 开本：720×1000 1/16
2022 年 4 月第二次印刷 印张：13 3/4 插页：6
字数：277 000

定价：118.00 元
(如有印装质量问题，我社负责调换)

丛书前言一

浩瀚的海洋蕴藏着人类社会发展所需的各种资源，向海洋拓展是我们的必然选择。海洋作为地球上最大的生态系统不仅调节着全球气候变化，而且为人类提供蛋白质、水和能源等生产资料支撑全球的经济发展。我们曾经认为海洋在维持地球生态系统平衡方面具备无限的潜力，能够修复人类发展对环境造成的伤害。但是，近年来的研究表明，人类社会的生产和生活会造成海洋健康状况的退化。因此，我们需要更多地了解和认识海洋，评估海洋的健康状况，避免对海洋的再生能力造成破坏性影响。

我国既是幅员辽阔的陆地国家，也是广袤的海洋国家，大陆海岸线约 1.8 万千米，内海和边海水域面积约 470 万平方千米。深邃宽阔的海域内潜含着的丰富资源为中华民族的生存和发展提供了必要的物质基础。我国的洪涝、干旱、台风等灾害天气的发生与海洋密切相关，海洋与我国的生存和发展密不可分。党的十八大报告明确提出："提高海洋资源开发能力，发展海洋经济，保护海洋生态环境，坚决维护国家海洋权益，建设海洋强国。"[①]党的十九大报告明确提出："坚持陆海统筹，加快建设海洋强国。"[②]认识海洋、开发海洋需要包括海洋机器人在内的各种高新技术和装备，海洋机器人一直为世界各海洋强国所关注。

关于机器人，蒋新松院士有一段精彩的诠释：机器人不是人，是机器，它能代替人完成很多需要人类完成的工作。机器人是拟人的机械电子装置，具有机器和拟人的双重属性。海洋机器人是机器人的分支，它还多了一重海洋属性，是人类进入海洋空间的替身。

海洋机器人可定义为在水面和水下移动，具有视觉等感知系统，通过遥控或自主操作方式，使用机械手或其他工具，代替或辅助人去完成某些水面和水下作业的装置。海洋机器人分为水面和水下两大类，在机器人学领域属于服务机器人中的特种机器人类别。根据作业载体上有无操作人员可分为载人和无人两大类，其中无人类又包含遥控、自主和混合三种作业模式，对应的水下机器人分别称为无人遥控水下机器人、无人自主水下机器人和无人混合水下机器人。

[①] 胡锦涛在中国共产党第十八次全国代表大会上的报告. 人民网，http://cpc.people.com.cn/n/2012/1118/c64094-19612151.html

[②] 习近平在中国共产党第十九次全国代表大会上的报告. 人民网，http://cpc.people.com.cn/n1/2017/1028/c64094-29613660.html

　　无人水下机器人也称无人潜水器，相应有无人遥控潜水器、无人自主潜水器和无人混合潜水器。通常在不产生混淆的情况下省略"无人"二字，如无人遥控潜水器可以称为遥控水下机器人或遥控潜水器等。

　　世界海洋机器人发展的历史大约有 70 年，经历了从载人到无人，从直接操作、遥控、自主到混合的主要阶段。加拿大国际潜艇工程公司创始人麦克法兰，将水下机器人的发展历史总结为四次革命：第一次革命出现在 20 世纪 60 年代，以潜水员潜水和载人潜水器的应用为主要标志；第二次革命出现在 70 年代，以遥控水下机器人迅速发展成为一个产业为标志；第三次革命发生在 90 年代，以自主水下机器人走向成熟为标志；第四次革命发生在 21 世纪，进入了各种类型水下机器人混合的发展阶段。

　　我国海洋机器人发展的历程也大致如此，但是我国的科研人员走过上述历程只用了一半多一点的时间。20 世纪 70 年代，中国船舶重工集团公司第七〇一研究所研制了用于打捞水下沉物的"鱼鹰"号载人潜水器，这是我国载人潜水器的开端。1986 年，中国科学院沈阳自动化研究所和上海交通大学合作，研制成功我国第一台遥控水下机器人"海人一号"。90 年代我国开始研制自主水下机器人，"探索者"、CR-01、CR-02、"智水"系列等先后完成研制任务。目前，上海交通大学研制的"海马"号遥控水下机器人工作水深已经达到 4500 米，中国科学院沈阳自动化研究所联合中国科学院海洋研究所共同研制的深海科考型ROV 系统最大下潜深度达到 5611 米。近年来，我国海洋机器人更是经历了跨越式的发展。其中，"海翼"号深海滑翔机完成深海观测；有标志意义的"蛟龙"号载人潜水器将进入业务化运行；"海斗"号混合型水下机器人已经多次成功到达万米水深；"十三五"国家重点研发计划中全海深载人潜水器及全海深无人潜水器已陆续立项研制。海洋机器人的蓬勃发展正推动中国海洋研究进入"万米时代"。

　　水下机器人的作业模式各有长短。遥控模式需要操作者与水下载体之间存在脐带电缆，电缆可以源源不断地提供能源动力，但也限制了遥控水下机器人的活动范围；由计算机操作的自主水下机器人代替人工操作的遥控水下机器人虽然解决了作业范围受限的缺陷，但是计算机的自主感知和决策能力还无法与人相比。在这种情形下，综合了遥控和自主两种作业模式的混合型水下机器人应运而生。另外，水面机器人的引入还促成了水面与水下混合作业的新模式，水面机器人成为沟通水下机器人与空中、地面机器人的通信中继，操作者可以在更远的地方对水下机器人实施监控。

　　与水下机器人和潜水器对应的英文分别为 underwater robot 和 underwater vehicle，前者强调仿人行为，后者意在水下运载或潜水，分别视为"人"和"器"，海洋机器人是在海洋环境中运载功能与仿人功能的结合体。应用需求的多样性使得运载与仿人功能的体现程度不尽相同，由此产生了各种功能型的海洋机器人，如观察型、作业型、巡航型和海底型等。如今，在海洋机器人领域 robot 和 vehicle 两词的内涵逐渐趋同。

信息技术、人工智能技术特别是其分支机器智能技术的快速发展，正在推动海洋机器人以新技术革命的形式进入"智能海洋机器人"时代。严格地说，前述自主水下机器人的"自主"行为已具备某种智能的基本内涵。但是，其"自主"行为泛化能力非常低，属弱智能；新一代人工智能相关技术，如互联网、物联网、云计算、大数据、深度学习、迁移学习、边缘计算、自主计算和水下传感网等技术将大幅度提升海洋机器人的智能化水平。而且，新理念、新材料、新部件、新动力源、新工艺、新型仪器仪表和传感器还会使智能海洋机器人以各种形态呈现，如海陆空一体化、全海深、超长航程、超高速度、核动力、跨介质、集群作业等。

海洋机器人的理念正在使大型有人平台向大型无人平台转化，推动少人化和无人化的浪潮滚滚向前，无人商船、无人游艇、无人渔船、无人潜艇、无人战舰以及与此关联的无人码头、无人港口、无人商船队的出现已不是遥远的神话，有些已经成为现实。无人化的势头将冲破现有行业、领域和部门的界限，其影响深远。需要说明的是，这里"无人"的含义是人干预的程度、时机和方式与有人模式不同。无人系统绝非无人监管、独立自由运行的系统，仍是有人监管或操控的系统。

研发海洋机器人装备属于工程科学范畴。由于技术体系的复杂性、海洋环境的不确定性和用户需求的多样性，目前海洋机器人装备尚未被打造成大规模的产业和产业链，也还没有形成规范的通用设计程序。科研人员在海洋机器人相关研究开发中主要采用先验模型法和试错法，通过多次试验和改进才能达到预期设计目标。因此，研究经验就显得尤为重要。总结经验、利于来者是本丛书作者的共同愿望，他们都是在海洋机器人领域拥有长时间研究工作经历的专家，他们奉献的知识和经验成为本丛书的一个特色。

海洋机器人涉及的学科领域很宽，内容十分丰富，我国学者和工程师已经撰写了大量的著作，但是仍不能覆盖全部领域。"海洋机器人科学与技术丛书"集合了我国海洋机器人领域的有关研究团队，阐述我国在海洋机器人基础理论、工程技术和应用技术方面取得的最新研究成果，是对现有著作的系统补充。

"海洋机器人科学与技术丛书"内容主要涵盖基础理论研究、工程设计、产品开发和应用等，囊括多种类型的海洋机器人，如水面、水下、浮游以及用于深水、极地等特殊环境的各类机器人，涉及机械、液压、控制、导航、电气、动力、能源、流体动力学、声学工程、材料和部件等多学科，对于正在发展的新技术以及有关海洋机器人的伦理道德社会属性等内容也有专门阐述。

海洋是生命的摇篮、资源的宝库、风雨的温床、贸易的通道以及国防的屏障，海洋机器人是摇篮中的新生命、资源开发者、新领域开拓者、奥秘探索者和国门守卫者。为它"著书立传",让它为我们实现海洋强国梦的夙愿服务,意义重大。

本丛书全体作者奉献了他们的学识和经验,编委会成员为本丛书出版做了组织和审校工作,在此一并表示深深的谢意。

本丛书的作者承担着多项重大的科研任务和繁重的教学任务,精力和学识所限,书中难免会存在疏漏之处,敬请广大读者批评指正。

中国工程院院士 封锡盛

2018 年 6 月 28 日

丛书前言二

改革开放以来，我国海洋机器人事业发展迅速，在国家有关部门的支持下，一批标志性的平台诞生，取得了一系列具有世界级水平的科研成果，海洋机器人已经在海洋经济、海洋资源开发和利用、海洋科学研究和国家安全等方面发挥重要作用。众多科研机构和高等院校从不同层面及角度共同参与该领域，其研究成果推动了海洋机器人的健康、可持续发展。我们注意到一批相关企业正迅速成长，这意味着我国的海洋机器人产业正在形成，与此同时一批记载这些研究成果的中文著作诞生，呈现了一派繁荣景象。

在此背景下"海洋机器人科学与技术丛书"出版，共有数十分册，是目前本领域中规模最大的一套丛书。这套丛书是对现有海洋机器人著作的补充，基本覆盖海洋机器人科学、技术与应用工程的各个领域。

"海洋机器人科学与技术丛书"内容包括海洋机器人的科学原理、研究方法、系统技术、工程实践和应用技术，涵盖水面、水下、遥控、自主和混合等类型海洋机器人及由它们构成的复杂系统，反映了本领域的最新技术成果。中国科学院沈阳自动化研究所、哈尔滨工程大学、中国科学院声学研究所、中国科学院深海科学与工程研究所、浙江大学、华侨大学、东华理工大学等十余家科研机构和高等院校的教学与科研人员参加了丛书的撰写，他们理论水平高且科研经验丰富，还有一批有影响力的学者组成了编辑委员会负责书稿审校。相信丛书出版后将对本领域的教师、科研人员、工程师、管理人员、学生和爱好者有所裨益，为海洋机器人知识的传播和传承贡献一份力量。

本丛书得到 2018 年度国家出版基金的资助，丛书编辑委员会和全体作者对此表示衷心的感谢。

"海洋机器人科学与技术丛书"编辑委员会

2018 年 6 月 27 日

前　　言

海洋波澜壮阔，资源丰富多样。随着科技及经济的快速发展，海洋的价值受到空前重视，国际战略地位迅猛提高，开发利用步伐不断加快。作为海洋开发的利器，海洋机器人技术发展迅速，为海洋资源开发利用提供了强有力的保障。

目前，为创造出性能更加优异的海洋机器人，人们将目标转向海洋生物，希望能够通过学习海洋生物的形态结构及运动机理，为海洋机器人的研制提供新的设计思想和控制理念。作为生命的摇篮，海洋孕育了众多的生物。它们形态各异，运动方式多样。例如，金枪鱼能够快速摆动身体及月牙形尾鳍实现高速、高效的长时间巡游；蝠鲼通过波动一对胸鳍实现平稳快速游动；水母利用肌肉控制内腔吸排水，实现喷射式推进；而乌龟、龙虾等则具有两栖能力，能够在海洋及陆地实现多样运动。海洋生物的多样化运动方式是经过亿万年自然进化发展而来的，与其形态结构及生活环境具有极佳的适应性，为海洋机器人的研制提供了借鉴和启发。本书作者及其科研团队从 2001 年开始关注并研究水下仿生智能机器人，在国家自然科学基金项目(项目编号：61725305，61633020，61421004)、北京市自然科学基金项目(项目编号：4161002)等大力支持下，先后研制开发了一批特色鲜明的仿生机器鱼、仿生机器海豚、仿生机器水母及两栖机器人等，积累了丰富的样机研制及智能控制经验。本书是作者在总结水下仿生智能机器人的研究成果及多年科研实践经验的基础上撰写而成的。其中，部分内容是已经公开发表的文章，部分内容则是作者对仿生推进的深度思考和见解。

全书内容共 8 章。第 1 章介绍水下仿生智能机器人的研究背景，概括仿生机器鱼、仿生机器水母及两栖机器人的国内外研究现状。第 2 章详细介绍仿生机器鱼的机电系统设计、三维运动控制及能量采集分析等内容。第 3 章主要面向机器鱼主动视觉跟踪问题，给出视觉云台增稳系统及主动视觉跟踪系统的设计过程，并详细分析实验结果。第 4 章主要研究仿生机器鱼的目标跟随控制，基于强化学习方法构建目标跟随控制器，仿真分析各种情况下的系统性能，最终物理实验验证方法的有效性。第 5 章重点介绍仿生机器鱼的三维跟踪控制，通过分别构建定深及定向控制器，实现仿生机器鱼的三维跟踪控制。第 6 章以水母的喷射式推进方式为研究对象，研制开发仿生机器水母样机，并完成其喷射式运动控制及姿态镇定控制。第 7 章面向两栖机器人，重点介绍两栖机器人的样机研制及基于仿生中枢模式发生器的多模态运动及行为控制。第 8 章总结全书，归纳水下仿生智能机器人的研究重点，并展望未来发展趋势。

本书由喻俊志、吴正兴、谭民撰写。科研团队的博士研究生及硕士研究生参与了部分章节的资料整理工作，特别感谢阳翔、孙飞虎、肖俊东、栗向滨、丁锐、庞磊、孟岩、王天柱、陈迪、陈星宇、王健、孔诗涵、杜晟、杨越麒、刘金存。在此，我们要特别感谢国家自然科学基金、北京市自然科学基金及国家出版基金的资助。另外，还要感谢那些参加了基金项目研究但没有参与本书的博士研究生和硕士研究生。

　　由于作者水平有限，书中难免存在不妥之处，敬请广大读者和专家不吝批评指正，对此我们表示衷心感谢。

作　者

2019 年 1 月 16 日

目　　录

1

绪　论

1.1　引言

　　物竞天择，适者生存。自然界生物为了自身及种群的生存、延续及发展，经过亿万年的存活竞争与优胜劣汰，形成了与生存环境极度相适应的生理结构和行为机制，为人工系统的研制提供了巧妙的灵感和富有创造的启发。古人见窾木浮而知为舟，见飞蓬转而知为车。通过观察自然现象，总结自然规律，模仿自然行为，极大促进了社会的进步，推动了文明的进程。大自然已经成为人类社会发展、思想变革及技术创新等取之不尽、用之不竭的源泉。特别是 20 世纪 50 年代以来，人们越来越重视学习和模仿大自然，以取得创新设计和思想启迪。仿生学（bionics）应运而生。

　　尽管人类很早便开始学习自然、模仿自然，但是仿生学的诞生一般以 1960 年美国第一届仿生学术会议的召开为标志。该会议在美国俄亥俄州的空军基地戴通（Dayton）召开，其主要议题为"分析生物系统所得到的概念能够用到人工制造的信息加工系统的设计上去吗？"。在该会议上，美国斯梯尔（Jack Ellwood Steele）认为"仿生学是研究以模仿生物系统的方式、或者以具有生物系统特征的方式、或者以类似于生物系统方式工作的系统的科学"。此后，作为一门新兴的交叉学科，仿生学便快速扩展到自然科学、技术科学和工程科学的众多领域，展现出强大的生命力和蓬勃的创新活力，极大促进了人类生活及生产方式的变革。

　　随着仿生学的不断发展，自然生物系统为机器人学的研究带来了新思路、新方法和新技术。仿生学通过研究和学习大自然，吸取大自然神工鬼斧的创造力，成为机器人系统创新、变革的支撑力量，成功地培育出丰富、新颖的设计思想和先进的控制理念，极大地促进了机器人系统性能的提升，成为当前机器人领域的一个重要研究方向。仿生机器人研究得到越来越多的关注，呈现蓬勃发展的态势。简单来讲，仿生机器人就是模仿自然界生物的生理机构、运动机制和行为方式等的机器人系统。例如，通过学习自然演化出的或简约、或复杂、或多样化的生物形态结构及运动方式等为机器人的驱动方式及机电系统设计提供参考；通过研究生物在复杂环境下的感知、行为及环境适应机制等为机器人的传感、决策、控制及环境适应等技术提供依据。因此，通过学习自然生物优异的环境感知方式、灵活高效的运动行为及迅捷的自主决策能力等，能够提高机器人在非结构化环境中的任务执行能力。

在水下仿生领域，针对水生生物的模仿和学习亦是如此。我们知道，海洋面积约占地球总面积的 71%，蕴藏着丰富的生物、矿物及能量等资源。海洋一直是人类探索地球奥秘的重要方向和领域。人类在远古时期便已经开始在海洋上旅行，从海洋中捕鱼，以海洋为生，并对海洋进行探索。随着人类开发海洋的步伐逐渐加快，无人水下机器人（unmanned underwater vehicles，UUVs）在海洋勘探和水下侦察方面发挥着越来越重要的作用。20 世纪 60 年代以来，在军用和民用市场需求的推动下，世界上许多国家研制了很多结构和功能各异的水下机器人。UUVs 按照是否需要人员的操作和关注可分为两类：一类是遥控水下机器人（remotely operated vehicles，ROVs），此类机器人以电缆或者无线的方式连接到母船或由外部操作者进行操作；另一类是自主水下机器人（autonomous underwater vehicles，AUVs），它没有连接到母船或外部的操作者，而是依据控制器编程以自动执行其任务。目前，水下机器人中大多以螺旋桨作为推进器，传动和密封结构复杂，而且在螺旋桨旋转推进过程中产生的涡流会增加能量消耗，降低推进效率。此外，螺旋桨在工作时，噪声较大，对环境扰动强，给水下生态系统带来一定的伤害。

科技的快速发展极大地拓展了人类水下活动范围的深度和广度，同时也对水下机器人性能提出了更高的要求。在很多水下应用场合，例如，水下军事侦察、水下反潜、鱼类习性观察等，人们希望水下机器人能够满足扰流小、推进效率高、尾迹特征小及机动性能好等特征。传统"螺旋桨+操纵舵"的推进模式虽然能够较好地提供较大推力和较高速度，但是由于本身固有的特性限制了其在上述场合的应用，例如，流体扰动明显、低速机动性能差等。因此，人们将目光转向水下仿生领域。海洋生物经过亿万年的自然选择进化出了出色的水下运动能力，具有较强的机动性与隐蔽性。例如，金枪鱼的巡游速度可达 30km/h，效率高达 80%以上，而普通螺旋桨推进器的平均效率仅 40%~50%；北美狗鱼的瞬时加速度高达 20g，转向半径仅为 0.1BL~0.3BL（body length，体长），且转弯时无须减速，而普通船舶须以 3BL~5BL 的半径缓慢地回转；射水鱼的快速起动又快又准，峰值速度可达 20BL/s，角速度可达 4500°/s，其反应精度可达 6°。因此，人们希望能够将水下生物高机动、高效率、高速度及低扰动的游动机理借鉴到人工系统的开发中，研制出高性能仿生水下机器人，在某些特定场合替代螺旋桨，执行复杂水文环境中的多种军事、民用及科研任务等。

本书聚焦鱼类、水母等水生生物优异的推进方式，从机器人学的角度出发，开展推进机理、机构设计、运动控制、智能决策及系统集成等一系列研究，研制开发具有多运动模态的水下仿生智能机器人。通过理论研究、系统开发到实验研究等方面的工作，不仅可为研究水生生物的推进机理、行为决策提供一个可供验证的实验平台，而且为探索集高效率、高机动、高智能于一体的新型高性能的 AUV 提供新的设计思路和技术途径。

1.2　仿生机器鱼研究现状

根据游动时推进所使用身体部位的不同，鱼类的游动方式可大致分为两类，即身体/尾鳍(body and/or caudal fin，BCF)推进模式和中间鳍/对鳍(median and/or paired fin，MPF)推进模式[1]。BCF 推进模式主要通过身体的波动和尾鳍的摆动获取前进的动力，其优点是瞬时加速性能好，巡航能力强；MPF 推进模式则主要通过胸鳍和背鳍的摆动获取前进的动力，其优点是机动性能好。自然界 85%以上的鱼类采用 BCF 推进模式。但是，BCF 推进模式和 MPF 推进模式并不矛盾，很多鱼类在较多情况下是两种模式综合运用的。

针对鱼类游动性能的研究，生物学家比较早地关注并进行了大量的实验观察与游动机理分析。早期的研究主要集中在推进机理的理论模型方面，为揭示鱼类游动过程中的流体作用力，提出了众多的推进机理模型，例如，二维波动板理论[2]、大摆幅细长体理论[3]、三维波动板理论[4]等。随着科技的发展及进步，先进的测量仪器设备和科学手段不断涌现，实验测量的精度和准度得到较大提升，极大地促进了有关鱼类游动机理的研究。例如，数字粒子图像测速(digital particle image velocimetry，DPIV)、计算流体动力学(computational fluid dynamics，CFD)等技术不断引入鱼类推进机理的研究中，实现鱼类运动三维流场信息的测量和数值模拟，加深对鱼游涡流控制等的理解和认识。2010 年，国际知名出版社 Springer 推出关于游动流体力学的专著——*Animal Locomotion：The Physics of Flying，The Hydrodynamics of Swimming*，报道了最新研究进展[5]。美国 Tytell 等[6]采用 DPIV 技术捕获了蓝鳃太阳鱼 C 形逃逸时的射流，并通过绘制流体力的流线图分析了该逃逸行为[图 1.1(a)]；美国 Neveln 等[7]利用 DPIV 技术发现在刀鱼波动臀鳍尖部脱落的涡流模型与鲹科鱼类尾鳍脱落的模型类似，倾斜的鳍条会影响到涡流管的连续性，从而影响推进效率；比利时 van Wassenbergh 等[8]采用 CFD 技术仿真了箱鲀的外形减阻能力，得到实际测量数据的验证，并进一步说明减稳力矩增强了箱鲀的游动机动能力[图 1.1(b)]。

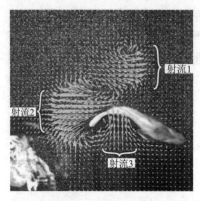 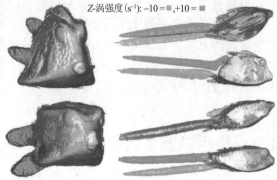

(a) DPIV捕获的蓝鳃太阳鱼C形逃逸射流　　　　(b) CFD仿真的箱鲀体表涡旋模式

图 1.1　鱼类游动机理研究(见书后彩图)

随着机器人技术的蓬勃发展，各类水下仿生鱼游平台相继出现，为仿生推进机理研究和工程技术开发提供了新的契机和手段。作为典型代表，美国麻省理工学院(Massachusetts Institute of Technology，MIT)成功研制了世界上第一条真正意义上的仿生机器鱼 RoboTuna，开水下仿生机器鱼研发之先河[9]。在早期仿生机器鱼研究中，研究人员比较多地关注鱼游方式的模仿及仿生推进性能(减阻、推进效率等)的初步探究。近年来，随着技术的快速发展，仿生机器鱼的研究朝着高速度、高机动、高效率及长航时等方向发展，仿生推进性能得到快速提高。从现有文献资料分析，仿生机器鱼的研究内容也是多方面的，例如，推进机理、机构设计及优化、驱动方式、运动控制、多传感器信息处理等。下面介绍一些国内外比较典型的仿生机器鱼系统。

1995 年，MIT 成功研制了仿生机器鱼 RoboTuna，用于研究金枪鱼的减速机制和推进效率，证明了仿生机器鱼的推进效率比 UUVs 更高[图 1.2(a)]。此后，他们又研制了仿生机器鱼 RoboPike，以研究仿生机器鱼的机动性和静止状态的加速性能[图 1.2(b)]。MIT 的 Daniela Rus 团队采用流体高弹性→射流高弹体驱动器(fluidic elastomcr actuators，FEAs)研制了一款气动软体机器鱼[10][图 1.2(c)]。该机器鱼体长 0.339m，通过控制压缩的 CO_2 气体驱动尾部摆动。在 1.67Hz 的摆动频率下，实现了 0.44BL/s 的前向游动速度。在 S 形起动中，转向角速度峰值可达约 320°/s，线速度峰值可达 0.33m/s 左右。该机器鱼携带的高压气瓶内装有 8g 的 CO_2，可供尾部摆动约 30 个来回。由于内部载气量有限，所以续航时间较短。

英国埃塞克斯大学(University of Essex)的 Hu 教授团队[11,12]在 2004 年至 2010 年间研制了多款 MT 系列和 G 系列的仿生机器鱼。以 G9 机器鱼为例[图 1.3(a)]，该机器鱼长 52cm，尾部为三自由度串联机构，身体内部装有移动滑块来调节重心位置，并装有可以吸/排水的微型泵，以实现下潜和上浮。该机器鱼的峰值转向角速度和平均转向角速度分别达到了 130°/s 和 70°/s[11,12]。该团队在 2014 年至 2015

年又研制了 iSplash 系列机器鱼[13,14]。iSplash 系列机器鱼通过将供电装置外置，减小了仿生机器鱼的体积和质量，从而达到了优异的运动性能。其中，iSplash-MICRO［图 1.3（b）］长度仅为 50mm，同时配备有大尺寸的背鳍和腹鳍，能够以 19Hz 的摆动频率游动，最大速度为 10.4BL/s。iSplash-I［图 1.3（c）］拥有四个自由度，能够以全体长模式实现 6.6Hz 的游动频率，最大游速为 3.4BL/s。iSplash-II［图 1.3（d）］采用了新型的制造技术和机械传动系统，能够以极高的频率游动。其最高游动频率为 20Hz，最大游速为 11.6BL/s。

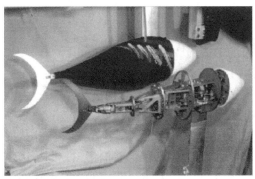

（a）RoboTuna　　　　　　　　　　　（b）RoboPike

（c）软体机器鱼

图 1.2　MIT 研制的仿生机器鱼

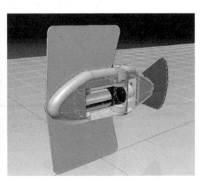

（a）G9　　　　　　　　　　　（b）iSplash-MICRO

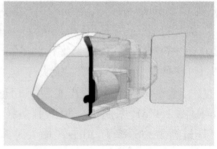

(c) iSplash-I　　　　　　　　　(d) iSplash-II

图1.3　英国埃塞克斯大学研制的仿生机器鱼

日本运输省船舶技术研究所的 Hirata[15]在2000年至2001年模拟秋刀鱼的细长外形，研制开发了长0.7m的 PF-700 型三关节仿生机器鱼[图1.4(a)]。通过曲柄连杆机构实现尾鳍的拍动。由于电机始终朝一个方向旋转，保证了电机在高速状态工作。实验中，该机器鱼在12Hz的拍动频率下实现了0.7m/s的游动速度，折合1BL/s。Hirata 和 Kawai[16]在2001年至2002年研制开发了约1m长的 UPF-2001 型两关节仿生机器鱼[图1.4(b)]。该机器鱼同样通过曲柄连杆机构实现尾鳍的拍动。其驱动电机的功率高达222.4W、164.6W 及66.9W。实验中，UPF-2001 在9.5Hz的尾鳍拍动频率下，达到了0.97m/s的最大游速，接近1BL/s。

(a) PF-700

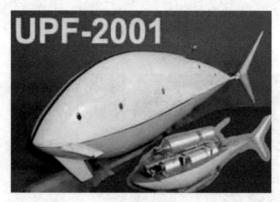

(b) UPF-2001

图1.4　日本运输省船舶技术研究所研制的仿生机器鱼

　　美国密歇根州立大学的 Tan 教授团队[17]采用离子聚合物-金属复合材料(ionic polymer-metal composite，IPMC)研制了多款仿生机器鱼[图 1.5(a)]。此类机器鱼尾部采用 IPMC 作为驱动器，通过控制 IPMC 两侧电压差值，实现尾鳍波动。此外，该团队结合水下滑翔器和仿生机器鱼，设计出了滑翔机器鱼[图 1.5(b)]，并通过建模分析与控制算法设计，实现了滑翔机器鱼在三维空间内的灵活运动，并在 Wintergreen 湖开展了水质监测试验[18]。滑翔机器鱼在保证仿生机器鱼机动性的前提下，通过滑翔的方式极大地增大了巡航距离，提高了续航时间，使仿生机器鱼的深海以及远洋应用成为可能，拓展了仿生机器鱼的应用范围。

 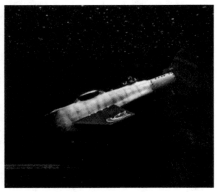

(a) IPMC 机器鱼　　　　　　　　　　　　　(b) 滑翔机器鱼

图 1.5　美国密歇根州立大学研制的仿生机器鱼

　　此外，国外其他大学及研究单位也有相关的仿生机器鱼样机系统。例如，美国华盛顿大学的 Morgansen 等[19]研制了一款具有三维游动能力的仿生机器鱼[图 1.6(a)]，其尾部设计有两个关节，两侧胸鳍相互独立且各有一个自由度。该机器鱼的最大游速达 1.1BL/s，平均转向角速度为 50°/s。该机器鱼采用比例-积分-微分(proportion integral differential，PID)闭环控制方法实时调整胸鳍转角，实现了仿生机器鱼的定深控制。美国波士顿工程公司为国土安全部门研制了具有金枪鱼外形的仿生机器鱼 BIOSwimmer[20][图 1.6(b)]。与其他仿生机器鱼不同的是，BIOSwimmer 通过尾部的螺旋桨(效率 45%)推进，其可动尾部主要用来配合螺旋桨产生矢量推力，以实现灵活转向。BIOSwimmer 的前游速度达 2.5m/s，倒游速度达 1.5m/s，转向半径小于 1BL。欧洲多家科研机构联合启动了 SHOAL 研究项目，研制了一款长 1.5m 左右的仿生金枪鱼[图 1.6(c)]，旨在通过机器鱼群的协调巡逻来监测水质污染，并且在西班牙的港口进行了试验。韩国工业技术研究院的 Ryuh 等[21]研制开发了仿生机器鱼鱼群[图 1.6(d)]，通过搭载多水质传感器执行水质监测任务。瑞士苏黎世联邦理工学院[22]研制了一款仿生金枪鱼[图 1.6(e)]，其体长 1m，重 13kg，潜深 5m，最大推进速度大约 1m/s。新加坡国立大学的 Xu 教授团队设计了多种仿生机器鱼系统[图 1.6(f)]，其中，他们研制了一个四关节的仿生机器鱼，并通过人工神经网络对中枢模式发生器(central pattern generator, CPG)进行调节，从而令仿生机器鱼能够实现正游和倒游的动作[23]。此外，该团队采用迭代学习方法对仿生机器鱼的速度控制进行了研究，实现了仿生机器鱼精准的速度控制[24]。

(a)美国华盛顿大学仿生机器鱼　　　　　(b)美国波士顿工程公司仿生金枪鱼

(c)SHOAL 研究项目仿生金枪鱼　　　　(d)韩国工业技术研究院仿生机器鱼

(e)瑞士苏黎世联邦理工学院仿生金枪鱼　　　(f)新加坡国立大学仿生机器鱼

图 1.6　国外其他单位研制的仿生机器鱼

　　在国内，北京航空航天大学的梁建宏等在 2003 年至 2011 年研制了三款 SPC 系列机器鱼[25,26]。其中，SPC-II[图 1.7(a)]身长 1.2m，有两个关节，可实现 2.5Hz 下 1.4m/s 的游速，转向角速度约为 30°/s，转向半径约为 1BL。SPC-III[图 1.7(b)]体长 1.76m，下潜深度可达 50m，尾部采用四连杆并联结构，共包含两个关节，均由 150W 直流电机驱动，最大游速可达 1.36m/s(0.85BL/s)。SPC-III 装有 2352W·h 的锂电池，在太湖的水质监测实验中，单次充电续航时间达 13h，航程达 49km。文力等提出了一种基于"自主推进"条件的实验测量方法[27]，通过光机电一体化技术同步测量了仿生机器鱼的功耗、外力以及流场结果，定量估算了仿生机器鱼的推进效率，并系统地研究了不同运动模式对仿生机器鱼的速度、效率、功耗以及流动结构的影响[图 1.7(c)]。此外，该团队还研制了基于 IPMC 的仿生机器鱼平台，并对其推进功率和参数辨识等开展了研究[图 1.7(d)]。

(a) SPC-II　　　　　　　　　　　　　　　(b) SPC-III

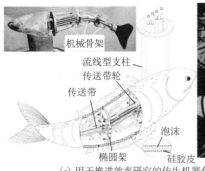

(c) 用于推进效率研究的仿生机器鱼

(d) IPMC仿生机器鱼

图 1.7　北京航空航天大学研制的仿生机器鱼

北京大学的张乐等于 2007 年研制了一款多关节仿生机器鱼[28][图 1.8(a)]，具备三维运动能力。该机器鱼体长 0.67m，尾部为四关节串联机构，两侧胸鳍相互独立且各有一个自由度，游速可达 0.58m/s，实现了 0.2BL 的转向半径。北京大学的王伟等于 2015 年研制了仿箱鲀机器鱼[29][图 1.8(b)]，该机器鱼体长 0.4m，尾部仅具备单个关节，左右胸鳍各有一个自由度，最大游速约为 1BL/s，续航时间约为 5h。通过该机器鱼携带的摄像头和姿态传感器实现了水下自定位。针对水下通信和流场感知等难题，王伟等还在该机器鱼的基础上进行了水下电场通信和人工侧线的相关研究[29,30]。

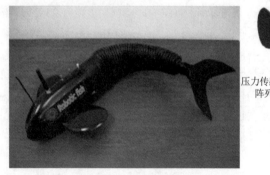

(a) 多关节仿生机器鱼　　　　　　　　　　　　(b) 仿箱鲀机器鱼

图 1.8　北京大学研制的仿生机器鱼

中国科学院自动化研究所苏宗帅等在 2011 年至 2012 年设计了一款高机动机器鱼[31,32]，如图 1.9 (a) 所示。该机器鱼由四个关节的尾部进行驱动，通过动态轨迹法实现了仿生机器鱼的 C 形起动，获得了 670°/s 的峰值转向角速度和 460°/s 的平均转向角速度，二维平面内的机动性非常突出。2013 年至 2014 年，吴正兴等以北美狗鱼为仿生对象，设计了一款具有三维运动能力的高机动机器狗鱼[33]，如图 1.9 (b) 所示。该机器狗鱼尾部有四个关节，左右两侧各有一个具有两自由度的胸鳍，此外颈部还具有一个偏航自由度，最大转向角速度可达 318°/s，此外还可以实现 360°大范围的偏航、俯仰及横滚运动，具有较好的三维运动性能。

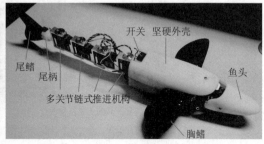

(a) 高机动机器鱼　　　　　　　　　　　　(b) 高机动机器狗鱼

图 1.9　中国科学院自动化研究所研制的仿生机器鱼

此外，国内其他单位也对仿生机器鱼开展了相应研究。例如，哈尔滨工程大学研制的仿生金枪鱼，体长 2.4m，排水量 320kg，在月牙尾鳍和胸鳍的推进下，能够实现前游、转向及浮潜等运动[34]，如图 1.10 (a) 所示。中国科技大学的张世武等研制了一条双尾鳍机器鱼[35][图 1.10 (b)]。其特点在于，两条尾鳍并列放置，以对称方式拍动时可相互抵消横向的作用力，因而游动过程中一般不会出现 BCF 机器鱼头部左右晃动的现象。胸鳍机构与上述机器狗鱼类似，用来实现三维运动。该机器鱼体长 0.44m，最大游速可达 1.21BL/s，通过胸鳍转向的转向半径约为 0.1m。

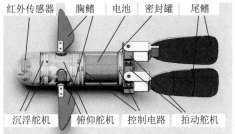

（a）哈尔滨工程大学仿生金枪鱼　　　（b）中国科技大学双尾鳍机器鱼

图 1.10　国内其他单位研制的仿生机器鱼

1.3　仿生机器水母研究现状

水母身体外形像一把伞，可分为外伞与内伞。其中，外伞直径大小不一，内伞有发达的肌肉纤维，图 1.11 为水母身体组织示意图。水母游泳动作分为两个阶段：收缩阶段和舒张阶段。在收缩阶段，圆形的内伞肌肉纤维向内拉伸钟形边缘，内伞腔的体积减小，并迫使水通过软腭孔喷出，形成反作用力推动水母前进；在松弛阶段，因为钟形内伞腔体回复到舒张时的形状，水重新回流到内伞腔，为下一次喷水做准备。通过改变喷水时壳口的朝向，实现相对前进方向的任意方向转向游动。水母钟形结构的收缩是内伞肌肉纤维收缩的直接结果，但是舒张阶段却没有肌肉纤维的直接作用，因为水母体内没有作用方向向外的肌肉纤维。从能量角度来看，水母舒张阶段所使用的能量来自其收缩阶段存储的弹性能量释放，这个能量过程相当于橡皮筋弹回时能量的释放。水母收缩舒张运动过程见图 1.12[36]。

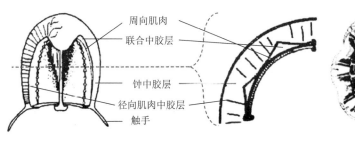

图 1.11　水母身体组织示意图

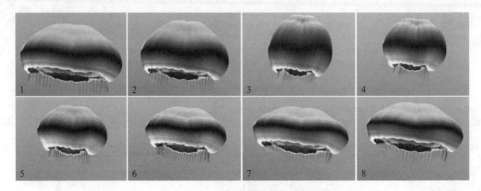

图 1.12　水母收缩舒张运动过程

　　研究者较多关注水母游动过程的喷水机理，研究了其各部位对游动的影响。其中贡献最大的主要有以下四位研究者：T. L. Daniel，S. P. Colin，Jifeng Peng 和 D. Rudolf。

　　Daniel[37]在 1983 年提出了一种水母动力学模型，推进速度、效率、能量消耗、收缩时间以及收张时间比都相互存在关系。该模型的数学表达式为

$$T = D + G + F \tag{1.1}$$

式中，T 为推进力；D 为流体阻力；G 为加速反作用力；F 为惯性力。它们分别表示为

$$T = (\rho / A_v)(\Delta V / \tau)^2 \tag{1.2}$$

$$D = C_d 0.5 \rho S u^2 \tag{1.3}$$

$$G = -\alpha \rho V \mathrm{d}u / \mathrm{d}t \tag{1.4}$$

$$F = (1 + \alpha) \rho V \mathrm{d}u / \mathrm{d}t \tag{1.5}$$

其中，ρ 为水的密度；A_v 为壳口开口面积；V 为内腔体体积；ΔV 为内腔体体积的变化量；τ 为收缩阶段持续时间；C_d 为阻力系数；S 为水母在运动方向上的投影面积；u 为水母体的瞬时速率；α 为附加质量系数。

　　Colin 等[38]在 Daniel 的研究基础上，研究了水母游动过程中周围水流的动力学特性，并给出了水母伞状外形边缘对游动的影响。研究发现，游动是水母在喷射推进模式下产生推力的反应。通过比较推进模型产生的峰值加速度与观测的加速度，可以发现，尽管对于扁长的水母来说，喷射推进提供了足够的推力来得到加速度，但是对于扁圆水母来说，它的加速度来源并不是单单依靠喷射推进提供的推进力。事实上，扁圆水母的喷射推力对加速度的贡献只占其加速总来源的 21%~43%，扁长水母则占 90%~100%。因此，虽然喷射推进对扁长水母来说足以单独提供足够的推力来游动，但是需要多一个机制来描述扁圆水母的游动。于

是他们将目光聚焦在了水母伞状外形边缘对游动的影响。对比实验中，比较有代表性的六种水母见图1.13，六种水母每个周期最大观察与建模加速度的均值和标准差见图1.14(其中*标出了最大观察加速度与建模加速度间有很大差别的物种)。

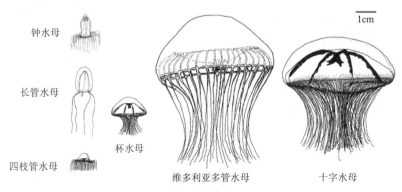

图1.13　对比实验中具有代表性的六种水母

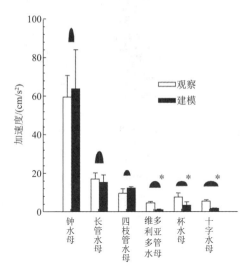

图1.14　六种水母每个周期最大观察与建模加速度的均值和标准差

　　研究发现，钟形边缘的灵活性大大提高了水母的游动性能。而且，钟形外形在收缩过程中推力的增强及钟形外形舒张过程中涡环连续的起动和停止之间最佳的间距都对性能的增强有很大的帮助。水母钟形边缘拍打对游动性能上的影响主要是由于钟形外形收缩时产生了更高的涡流循环。高涡流循环可以增强游动性能，主要是因为推进器产生的推力与推进器边缘产生的流循环成比例。游动过程中水母的涡流情况见图1.15[39]，图中H代表高压力区，L代表低压力区。

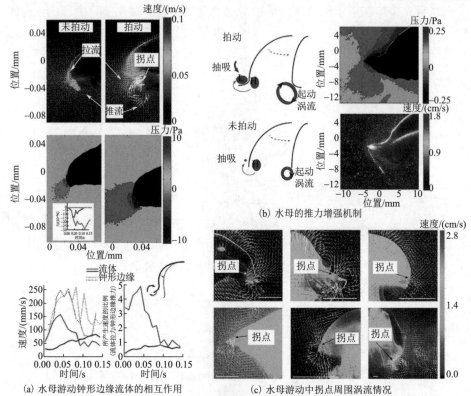

图 1.15　水母游动时涡流情况分析示意图（见书后彩图）

Peng 等[40]则在 Colin 等研究成果的基础上，对水母游动的钟形边缘的水流特性进行了数学建模。因为水母内外伞的厚度相对于钟形半径来说非常薄，所以可以把其钟形外形看作一个轴中心对称且零厚度的灵活薄膜模型。在这个模型里水母的触手和口器等均忽略不计。模型建立在 xOr 坐标系下，如图 1.16 所示，水母

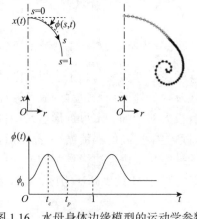

图 1.16　水母身体边缘模型的运动学参数

的运动方向为中心轴的方向。设 s 为水母身体的弧长，用来描述身体运动。以上所有的参数均为无量纲参数。基准为钟形外形的总弧长为 L，方向为在 xOr 面沿着切线方向从顶点到钟形的外围边缘，s 的取值为 0 到 1 之间。设定水母身体在 xOr 面相切方向没有拉伸。水母身体游动时是沿着 xOr 面的，在时间 t 的切线角为 $\phi(s,t) = \phi(t)s^\alpha$，其中 $\phi(t)$ 为

$$\phi(t) = \begin{cases} \phi_0 + \Delta\phi(1-\cos(\pi t/t_c))/2, & \mathrm{mod}(t,1) \subset [0,t_c] \\ \phi_0 + \Delta\phi(1+\cos(\pi(t-t_c)/(t_p-t_c)))/2, & \mathrm{mod}(t,1) \subset (t_c,t_p) \\ \phi_0, & \mathrm{mod}(t,1) \subset [t_p,1] \end{cases} \quad (1.6)$$

式中，所有的时间单位均无量纲，时间基准为一个游动周期 T；ϕ_0 表示水母身体收缩阶段初始时刻边缘正切角；$\phi+\Delta\phi$ 表示水母身体收缩阶段结束时刻边缘正切角；$\Delta\phi$ 表示水母钟形身体收缩阶段的收缩幅角；t_p 表示水母的运动时间，所以水母的收缩时间与舒张时间分别为 t_c 和 t_p-t_c，收缩和舒张过后，水母会有一段时间为 $1-t_p$ 的静止阶段，直到下一个游动周期的开始。水母游动时周围涡流及水流速度示意图见图 1.17，

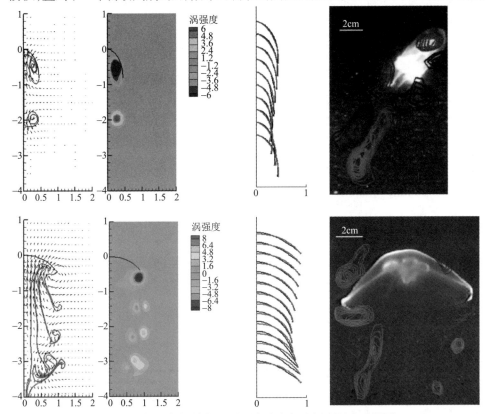

图 1.17　水母游动时周围涡流及水流速度示意图(见书后彩图)
横轴已作归一化处理，纵横表示的是序列，无单位，数据表示流场区域与水母伞盖半径的比值

图中，红线和黑线表示水母伞盖的运动过程，其中，红线表示模型拟合结果，黑线表示对真实水母观测结果。

在游动过程中，水母钟形边缘涡流的模型在 xOr 面流函数的表达可以由在单位强度的 $(x'Oy')$ 面的环形涡丝表示：

$$\psi(x,r;x',r') = \frac{1}{2\pi}(\rho_1 + \rho_2)(F(\lambda) - E(\lambda)) \tag{1.7}$$

式中，$F(\lambda)$ 和 $E(\lambda)$ 分别表示第一类完全椭圆积分与第二类完全椭圆积分；

$$\rho_1^2 = (x - x')^2 + (r - r')^2 + \delta^2$$
$$\rho_2^2 = (x - x')^2 + (r + r')^2 + \delta^2 \tag{1.8}$$
$$\lambda^2 = 4rr' / \rho_2^2$$

其中，δ 表示涡团平滑参数，其消除了在非正则内核的奇点。

Colin 将水母模型投影到二维平面进行建模研究，而 Rudolf 则对水母的生理学机能、二维及三维模型均进行了研究（图 1.18 和图 1.19），并得出了水母伞面点非周期变化的位移表达式[36]：

$$c_{i,j}^{\text{unstructured}} = \alpha^{\text{unstr}} d_i \cdot Q_P(2d_i, 8d_j, 0.01t) \tag{1.9}$$

式中，(d_i, d_j) 表示归一化经纬度坐标下的每个表面点；t 表示模拟时间；Q_P 表示培林噪声场；α^{unstr} 表示比例因子。可以将此位移公式应用到两个伞点，或者触手点，从而分析它们在运动中的一些变化。

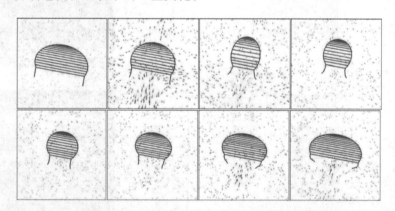

图 1.18　水母收缩与舒张过程及周围的涡流变化情况

对于水母推进机理方面的研究还可以参考文献[41]～[44]。

仿生机器水母，即模仿生物水母的推进机理，利用机械、电子、控制等手段实现的一种水下运动装置。仿生机器水母的研究主要分为两个阶段：21 世纪以前主要集中在生物学、动力学上的研究分析；21 世纪以来才逐渐出现仿生机器水母的研制。得益于机器人学、新型材料和驱动装置的快速发展，一些仿生机器水母的样机开始研制出来。而在样机的研制过程中，根据制作材料与推进机构的不同，可以将仿生机器水母分为两类：一类是运用智能材料作为主要推进机构的仿生机器水母；另一类是利用纯机械机构，配合电机等驱动的仿生机器水母。下面根据这两种分类对仿生机器水母相关研究进行回顾与介绍。

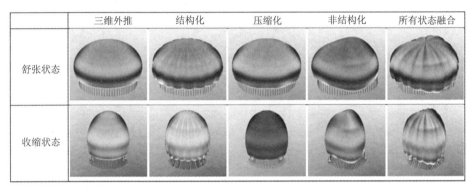

图 1.19　水母收缩舒张状态原始三维外推结果及四种变式[36]

　　常用于仿生机器水母主要推进机构的智能材料包括 IPMC、形状记忆合金（shape memory alloy，SMA）、电磁驱动（electromagnetic actuation，EMA）及 SMA 与离子导电聚合物膜（ionic conducting polymer film，ICPF）的混合材料等。

1. IPMC 型仿生机器水母

　　IPMC 是一种合成复合纳米材料，能够在施加电压或电场的条件下产生内力并发生形变[45]。

　　2012 年，来自美国弗吉尼亚理工大学智能材料系统与结构中心的 Najem 等[46]研制了一台利用 IPMC 驱动的仿生机器水母。这台机器水母以维多利亚多管发光水母为原型，具有一个热缩高分子膜构成的柔韧腔体、一个中心柱、一个用于接线和支撑驱动器的平台、八个用于保持上部稳定的桅杆和呈放射状的 IPMC 驱动器，如图 1.20(a) 所示。该机器水母重 20g、直径 15cm、高 5.8cm。

　　2012 年，韩国科学技术院机械与宇航工程学院的 Yeom 等[47]也研制了一款利用 IPMC 作为驱动器的仿生机器水母。这台仿生机器水母同样是基于 IPMC 弯曲形变的过程来模仿水母实际运动的收缩与舒张过程，如图 1.20(b) 所示。为了模仿水母的弯曲形状，需要对 IPMC 进行热处理加工以获得一个半球形形式的永久初始变形。通过模拟水母收缩和舒张两个阶段的运动生成仿生输入信号。这种仿生输入信号是一种两个阶段的周期信号，由一个 3V 的电压信号与一个均方根值为 3.306V 的正弦信号叠加而成，这个周期输入信号的频率有 1.2Hz 及 2.0～2.2Hz。

　　2011 年，黎巴嫩美国大学的 Akle 和美国弗吉尼亚理工大学的 Najem 等研制了基于 IPMC 驱动器的仿生机器水母[48]，如图 1.20(c)所示。他们的主要工作是对 IPMC 驱动器进行优化从而降低能量消耗。实验证明，IPMC 驱动器在不同的溶液中具有不同的变形性能。此外，他们对驱动器输入波形及腔体形状也进行了优化设计。

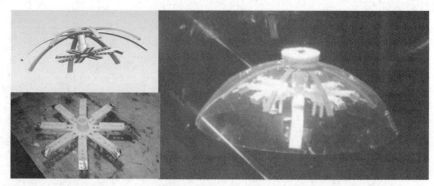

(a)美国弗吉尼亚理工大学仿生机器水母

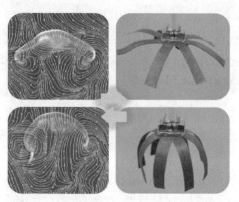

(b)韩国科学技术院仿生机器水母

(c)黎巴嫩美国大学及美国弗吉尼亚理工
大学共同研制的仿生机器水母

图 1.20　典型的 IPMC 仿生机器水母

2. SMA 型仿生机器水母

SMA 是一种在加热升温后能完全消除其在较低温度下发生的变形、恢复其变形前原始形状的合金材料。除上述形状记忆效应外，这种合金的另一个独特性质是在高温(奥氏体状态)下发生的"伪弹性"(又称"超弹性")行为，表现为这种合金能承载比一般金属大几倍甚至几十倍的可恢复应变。形状记忆合金的这些独特性质源于其内部发生的一种独特的固态相变——热弹性马氏体相变[49]。

2010 年，日本香川大学研制了一种新型的仿水母式小型机器人[50]。该水母机器人由一个主体和两个胸鳍组成。主体利用了 SMA 作为驱动器实现运动，两个胸鳍也是用 SMA 来实现拍动，如图 1.21(a)所示。SMA 驱动器的收缩带动水母机器人的腔体压缩实现喷水推进。

2010 年，美国弗吉尼亚理工大学的 Bressers 等[51]研制了仿生机器水母 JetSum。JetSum 以 SMA 作为推进机构，如图 1.21(b)所示。JetSum 直径约 16cm，高度约 25cm，重 324g。随后，他们对 JetSum 进行修改重新设计，使其功能更加完善。JetSum 2.0 具有连续的钟形腔体，连接处的密封得到了改善，功耗也有较大的降低。JetSum 的速度最快能达到 7cm/s，加速度最高能达到 $19cm/s^2$。

2011 年，美国弗吉尼亚理工大学智能材料系统结构中心的 Villanueva 等[52,53]研制了仿生机器水母 Robojelly，如图 1.21(c)所示。Robojelly 采用 SMA 作为驱动器，主体部分由硅橡胶构成，腔体直径 164mm，总重 242g。Robojelly 采用分割的腔体和被动运动的副翼，大大提升了运动性能。

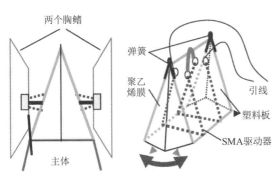

(a)日本香川大学仿生机器水母

(b)美国弗吉尼亚理工大学两代 JetSum 仿生机器水母　　(c)美国弗吉尼亚理工大学仿生机器水母 Robojelly

图 1.21　典型的 SMA 仿生机器水母

3. EMA 型仿生机器水母

EMA 是指亥姆霍兹线圈系统在所期望的方向上产生一个具有所需强度的均匀磁场，由永久磁铁构成的头部和聚二甲基硅氧烷聚合物制成的柔性鳍构成，能够使机器人在感兴趣的区域中运动[54]。

2010 年，意大利微工程研究中心的 Tortora 等[55]研制了一种微型仿水母式机器人，长 35mm，宽 15mm，如图 1.22（a）所示。该水母机器人利用旋转永久磁铁和四个具有弹性的装有永久磁铁的尾巴之间的相互作用来模拟水母腔体的舒张和收缩运动，旋转体由内部驱动器驱动。

2012 年，韩国全南国立大学机械工程系的 Ko 等[56]提出了一种电磁驱动的仿水母式微型机器人[图 1.22（b）]。其驱动系统由三个互相垂直安置的亥姆霍兹线圈组成。通过给三个线圈施加不同的电流，产生空间任意方向的磁场。微型水母机器人上安置有永久磁铁，变化的磁场与磁铁相互作用带动水母脚弯曲和恢复，从而产生推动水母机器人运动的力，使其具有三维游动能力。

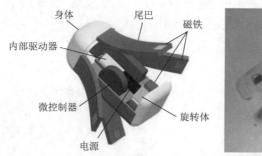

（a）意大利微工程研究中心仿生机器水母

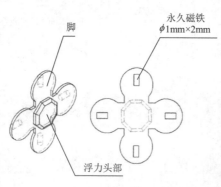

（b）韩国全南国立大学仿生机器水母

图 1.22　典型的电磁驱动仿生机器水母

4. 基于多种智能材料的仿生机器水母

有些研究者尝试采用多种智能材料或者复合使用多种智能材料研制仿生机器水母，以达到所需要的游动效果。

2007 年，哈尔滨工程大学的杨云春等研制了小型机器水母[57,58]。该机器人利用了 SMA 和 ICPF 作为驱动器，如图 1.23 所示。ICPF 和 IPMC 工作原理类似，通过在两侧施加电场产生弯曲变形。四个 SMA 驱动器呈弹簧状连接在四个连接杆上，带动薄膜收缩和舒张，产生喷水推进模式。ICPF 材料摆动产生辅助推力，同时与连接杆和 SMA 驱动器组成触手。ICPF 驱动器控制水母机器人的运动方向和姿态。该机器人直径 55mm，总长 75mm，重 6.5g。

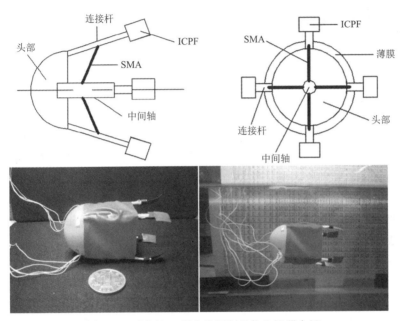

图 1.23　哈尔滨工程大学研制的仿生机器水母

2007 年，日本香川大学的郭书祥等研制了一种小型仿水母式机器人[59]。该机器人包括一个主体、四条腿和一个 SMA 驱动器，如图 1.24 所示。主体由橡胶材料制作而成，呈半球形，四条腿由 IPMC 驱动器驱动。该机器人宽 36.3mm，高 46.1mm，重 2.73g，SMA 驱动器长 20mm。IPMC 驱动器驱动机器水母四条腿的运动。SMA 驱动器在两端施加电压便会收缩，使围绕着的水母腔体收缩，断电后恢复，从而形成水母体的收缩和舒张运动。它可以实现上浮、静止、下潜等运动。

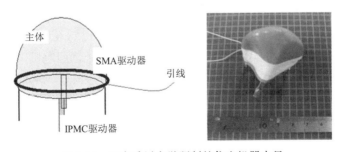

图 1.24　日本香川大学研制的仿生机器水母

图 1.25 美国弗吉尼亚理工
大学仿生机器水母

2012 年，美国弗吉尼亚理工大学仿生材料和装置实验室的 Tadesse 等[60]设计了一种化学燃料驱动的仿生机器水母，如图 1.25 所示。该机器水母的腔体壁采用的镍钛形状记忆合金(NiTi-SMA)表面附着有纳米铂催化剂的碳纳米管结构层，氢氧混合气体在与铂催化剂接触的时候，放热反应使 NiTi-SMA 产生形变，以此来模拟水母收缩和舒张过程。

5. 纯机械驱动型仿生机器水母

智能材料由于能够实现周期性形变而较好地复现水母收缩舒张的游动过程，使其在模仿水母运动的过程中，表现出了优越性。但是，因为智能材料的形变量均较小，而且能量来源等也受很大的限制，所以研究者研制了多种纯机械驱动的仿生机器水母。

2008 年，德国 Festo 公司[61]研制了一款水下机器水母 AquaJelly。该机器水母有一个透明的半球头部、一个防水的主体和八个用于驱动的触须，如图 1.26(a)所示。半球头部里安置有控制板、压力传感器、光线传感器及无线信号收发器，控制板上有八个白色 LED 灯和八个蓝色 LED 灯。AquaJelly 具有三维运动能力，是因为在主体里有重心调节机构。此外，他们研制了多个 AquaJelly，用智能控制的方法研究群体行为。该团队此后一直致力于 AquaJelly 的改进工作，主要提高了 AquaJelly 群体间的通信技术，并采用智能手机实现了每个 AquaJelly 运动状态的实时监控。

2013 年，美国弗吉尼亚理工大学的一组研究人员研制了一款名为 Cyro 的仿生机器水母[62]，能够充当军方的水下间谍。该机器水母长约 1.5m，宽约 18cm，重约 77kg。图 1.26(b)给出了其实物图。Cyro 拥有刚性的内部支撑结构，支撑结构上附加八个机械臂，每个机械臂均由一个独立的直流电流电机驱动。在八个机械臂表面附着有硅胶体膜，依靠机械臂带动膜运动，实现类似水母的游动。

2014 年，哈尔滨工业大学机械工程学院的王鹏[63]以霞水母为研究对象，设计了一款机械驱动的仿生机器水母样机。该样机采用一个伺服电机来驱动六个辅助触角。六个辅助触角的往复摆动带动覆盖在上面的硅胶外皮，从而带动类似于水母钟状体结构的柔性硅胶实现收缩和舒张运动，如图 1.26(c)所示。通过调试测试实验和推进性能实验，该水母的最大推进速度为 0.12m/s。

(a) 德国 Festo 公司仿生机器水母 AquaJelly 2.0

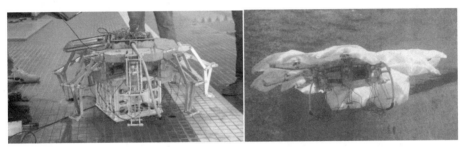

(b) 美国弗吉尼亚理工大学仿生机器水母 Cyro

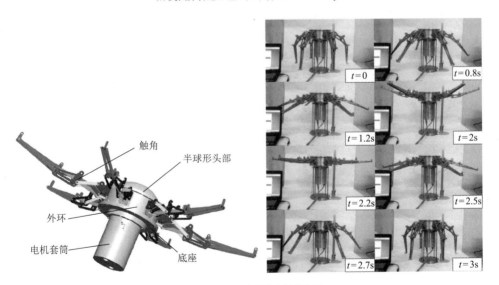

(c) 哈尔滨工业大学仿生机器水母

图 1.26 典型的机械型仿生机器水母

1.4　两栖机器人研究现状

两栖机器人作为一种新型的仿生机器人，由于兼具陆地、水下及近海滩涂等环境下的运动功能，受到了越来越多研究者的关注。近年来，国内外研究者在两栖机器人方面开展了一系列的研究工作，开发了各种各样的两栖机器人样机，其中代表性的两栖机器人主要包括腿足式两栖机器人、蛇形两栖机器人、球形两栖机器人等，其运动原理各不相同，且各具优缺点。

1. 腿足式两栖机器人

在腿足式两栖机器人研究方面，美国凯斯西储大学和海军研究院基于蟑螂的运动机理，设计了一种具有全地形适应能力的仿蟑螂两栖机器人 Whegs[64,65]，如图 1.27 所示。该机器人能够实现在不平坦地面环境中的爬行、转弯、避障等，特别地，能翻越一定高度的台阶，具有良好的越障功能；具有螺旋桨功能的三辐轮腿机构旋转时推动机器人在水下前进，配合体关节的转动可辅助机器人上升和下潜。为了适应强湍流、潮汐等严峻环境，美国东北大学海洋科学研究中心基于龙虾原型开发了一系列仿龙虾两栖机器人[66]，如图 1.28 所示，主要用于滩涂和浅海地区的自主排雷和侦察等任务。

图 1.27　仿蟑螂两栖机器人 Whegs　　　　图 1.28　仿龙虾两栖机器人

中国科学技术大学研制了两栖机器人 AmphiHex-I[67,68]，该机器人由六个可变形腿-鳍混合推进机构组成，如图 1.29 所示。在陆地上，AmphiHex-I 采用六个单自由度的椭圆形腿前行，能通过粗糙和柔软地面，类似于蟑螂爬行；在水中，将六个单自由度的椭圆形腿变成直板形的鳍，通过鳍的同步及差动拍动实现机器人直航和转弯游动。

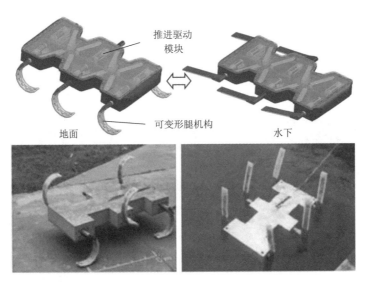

图 1.29　中国科学技术大学两栖机器人 AmphiHex-I

哈尔滨工程大学机电工程学院选择螃蟹作为仿生对象，先后研制了多代两栖仿生机器蟹[69]，如图 1.30 所示。以海蟹为仿生对象，谢江研制了一种基于串并联混合的五连杆机构步行足的仿生机器蟹[69]。该机器人长 0.45m，宽 0.4m，高 0.25m，重 4.95kg。采用中枢模式发生器构建了该机器人的控制器，实现了其在复杂地形下的直行、转向、爬坡等运动能力。

图 1.30　两栖仿生机器蟹

其他腿足式两栖机器人还包括 Nekton Research 公司研制的两栖仿生机器龟[70,71]、加拿大麦吉尔大学等研制的 RHex 系列机器人[72]和 AQUA 系列机器人[73]、哈尔滨工业大学的仿青蛙机器人[74]等。为了提高腿足式两栖机器人的移动速度，一些研究机构采用轮腿复合式推进机构，如北京航空航天大学设计了一套水陆两用推进器[75,76]，其推进机构由一种可切换的轮桨式复合机构组成，其中每个轮桨由几个能折叠的叶片构成。在陆地上行进时，叶片收缩成轮式结构实现机器人在地面上的快速移动，当进入水中时，又通过切换机制将叶片舒展开实现划水推进，运动场景如图 1.31 所示。此外，英国 Qinetiq 公司为了完成排雷作业任务，专门设计了一种使用履带式推进的小型两栖机器人[77]，能在滩涂、拍岸浪区等自由活动。

图 1.31 轮腿复合式两栖机器人

2. 蛇形两栖机器人

腿足式或轮腿复合式两栖机器人必须依靠与地面接触产生的摩擦力才能实现向前推进，因此只能适应在地面和水底等环境下的运动。但由于腿足式两栖机器人能在非结构化地形如坡地、泥泞地面等环境下工作，所以也得到了广泛应用。除了腿足式两栖机器人外，研究者对具有仿蛇形或鱼形推进机制的两栖机器人也产生了浓厚的兴趣。比较著名的如日本东京工业大学机器人实验室研制的HELIX[78]和 ACM-R5[79]系列蛇形机器人，如图 1.32 所示。该机器人不仅能完成地面上的直行、侧移、伸缩等运动形式，还能完成水下仿鳗鲡等游动方式。该机器人在设计中引入模块化的设计方法，机器人身体由一系列具有两自由度的相同关节连接而成，每个关节本身安装了特殊设计的"鳍"结构，起到被动轮和桨的作用，其水陆运动依靠各个关节之间的协调和动作"复制"等完成各种复杂的仿蛇形运动模式。由于采用了模块化的设计方法，在实验过程中当某一关节出现故障时直接用新的模块进行替换即可，大大延长了机器人的工作寿命，提高了工作性能。为了解决水下密封方式，每个关节采用独立伸缩膜进行密封，而关节连接处用 O 形圈进行密封，能确保机器人在水下一定的工作时间。

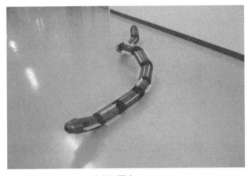

(a)机器人 HELIX　　　　　　　　　(b)机器人 ACM-R5

图 1.32　蛇形两栖机器人

在国内，中国科学院沈阳自动化研究所[80]、中国矿业大学(北京)[81]、哈尔滨工业大学[82]、东北大学[83]等单位均对蛇形两栖机器人展开了研究，取得了一定的研究成果。

瑞士洛桑联邦理工学院的 Ijspeert 研究小组结合蝾螈的运动机理，研制了一种仿蝾螈两栖机器人[84,85]，如图 1.33 所示。该机器人由一个头部模块、两个两自由度四肢模块和六个单自由度脊椎模块构成，其中每个模块独立密封，并自身携带燃料电池、电机驱动器和微控制器电路。地面爬行时，依靠两个四肢模块两侧的腿部旋转与可弯曲成 S 形的脊椎协调前进；一旦进入水中，肢体模块收缩，而脊椎模块仿鳗鲡式协调摆动，形成从头部向尾部传播的行波推进，具有较高的两栖活动能力和环境适应性。该研究组在该两栖机器人平台上进行了大量的水陆性能测试，并在此基础上对其神经控制机理进行了探讨。

(a)地面爬行　　　　　　　　　(b)水下游动

图 1.33　瑞士洛桑联邦理工学院仿蝾螈两栖机器人

3. 球形两栖机器人

瑞典斯德哥尔摩 Rotundus AB 公司的 Kaznov 等开发了一种仿球形两栖机器人

Groundbot[86]，如图 1.34 所示。该机器人直径为 60cm，依靠两个相互正交装配的驱动电机旋转改变机器人本体的质心位置来获得推进力，其野外航行速度可达到 3m/s，能满足雪地、泥地、水中等室外作业。

　　自然界提供了形态各异的两栖物种，每一种物种经过漫长的自然选择能够被保留下来，必定具有一定环境下特殊的运动功能和适应能力。因此，除了上述各种仿生模型外，研究者通过不断探索，研究设计了其他许多新颖的两栖机器人，如北京航空航天大学以鳄鱼为生物原型，设计了一套仿鳄鱼两栖机器人爬行与游动复合机构[87]，如图 1.35 所示。以脊椎运动作为复合推进机构的基础，其陆地推进采用简化的爬行机构模型，利用腰部的扭动作为主要驱动力，跟随腰部的运动；水下推进主要模仿鱼类的游动，利用腰部的扭动作为仿鱼游动的第一个摆动关节，而构成仿鳄鱼两栖机器人尾部的其余游动关节波状摆动协调整个身体向前游动，设计者在此样机平台上进行了相应的频率、摆幅-速度测量实验。

 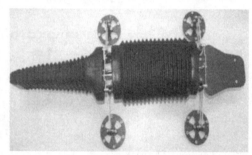

图 1.34　仿球形两栖机器人 Groundbot　　　　　图 1.35　仿鳄鱼两栖机器人

参 考 文 献

[1] Sfakiotakis M, Lane D M, Davies J B C. Review of fish swimming modes for aquatic locomotion[J]. IEEE Journal of Oceanic Engineering, 1999, 24(2): 237-252.

[2] Wu T Y T. Swimming of a waving plate[J]. Journal of Fluid Mechanics, 1961, 10(3): 321-344.

[3] Lighthill M J. Large-amplitude elongated-body theory of fish locomotion[J]. Proceedings of the Royal Society of London, Series B, 1971, 179(1055): 125-138.

[4] Cheng J Y, Zhuang L X, Tong B G. Analysis of swimming three-dimensional waving plates[J]. Journal of Fluid Mechanics, 1991, 232: 341-355.

[5] Taylor G K, Triantafyllou M S, Tropea C. Animal Locomotion: The Physics of Flying, The Hydrodynamics of Swimming[M]. Berlin: Springer, 2010.

[6] Tytell E D, Lauder G V. Hydrodynamics of the escape response in bluegill sunfish, lepomis macrochirus[J]. Journal of Experimental Biology, 2008, 211(21): 3359-3369.

[7] Neveln I D, Bale R, Bhalla A P S, et al. Undulating fins produce off-axis thrust and flow structures[J]. Journal of Experimental Biology, 2014, 217(2): 201-213.

[8] van Wassenbergh S, van Manen K, Marcroft T A, et al. Boxfish swimming paradox resolved: forces by the flow of

water around the body promote manoeuvrability[J]. Journal of the Royal Society Interface, 2015, 12(103): 20141146.

[9] Triantafyllou M S, Triantafyllou G S. An efficient swimming machine[J]. Scientific American, 1995, 272(3): 64-70.

[10] Marchese A D, Onal C D, Rus D. Autonomous soft robotic fish capable of escape maneuvers using fluidic elastomer actuators[J]. Soft Robotics, 2014, 1(1): 75-87.

[11] Liu J D, Hu H S. Biological inspiration: from carangiform fish to multi-joint robotic fish[J]. Journal of Bionic Engineering, 2010, 7(1): 35-48.

[12] Hu H S, Liu J D, Dukes I, et al. Design of 3D swim patterns for autonomous robotic fish[C]. 2006 IEEE/RSJ International Conference on Intelligent Robots and Systems, 2006: 2406-2411.

[13] Clapham R J, Hu H S. iSplash: Realizing Fast Carangiform Swimming to Outperform a Real Fish[M]//Du R X, Li Z, Kamal Y T. Robot Fish. Berlin: Springer, 2015: 193-218.

[14] Clapham R J, Hu H S. iSplash-MICRO: a 50mm robotic fish generating the maximum velocity of real fish[C]. 2014 IEEE/RSJ International Conference on Intelligent Robots and Systems, 2014: 287-293.

[15] Hirata K. Prototype fish robot, PF-700[EB/OL]. (2001-04-25) [2019-01-29]. http://www.nmri.go.jp/oldpages2/eng/khirata/fish/experiment/pf700/pf700e.htm.

[16] Hirata K, Kawai S. Prototype fish robot, UPF-2001[EB/OL]. (2001-11-09) [2019-01-29]. http://www.nmri.go.jp/oldpages2/eng/khirata/fish/experiment/upf2001/index_e.html.

[17] Chen Z, Shatara S, Tan X B. Modeling of biomimetic robotic fish propelled by an ionic polymer-metal composite caudal fin[J]. IEEE/ASME Transactions on Mechatronics, 2010, 15(3): 448-459.

[18] Zhang F T, Ennasr O, Litchman E, et al. Autonomous sampling of water columns using gliding robotic fish: algorithms and harmful-algae-sampling experiments[J]. IEEE Systems Journal, 2016, 10(3): 1271-1281.

[19] Morgansen K A, Triplett B I, Klein D J. Geometric methods for modeling and control of free-swimming fin-actuated underwater vehicles[J]. IEEE Transactions on Robotics, 2007, 23(6): 1184-1199.

[20] Conry M, Keefe A, Ober W, et al. BIOSwimmer: enabling technology for port security[C]. IEEE International Conference on Technologies for Homeland Security, 2013: 364-368.

[21] Ryuh Y, Yang G, Liu J, et al. A school of robotic fish for mariculture monitoring in the sea coast[J]. Journal of Bionic Engineering, 2015, 12(1): 37-46.

[22] ETH Zurich. Naro-nautical robot[EB/OL]. [2019-01-29]. http://www.naro.ethz.ch/p2/naroriginal.html.

[23] Niu X L, Xu J X, Ren Q Y, et al. Locomotion learning for an anguilliform robotic fish using central pattern generator approach[J]. IEEE Transactions on Industrial Electronics, 2014, 61(9): 4780-4787.

[24] Li X F, Ren Q Y, Xu J X. Precise speed tracking control of a robotic fish via iterative learning control[J]. IEEE Transactions on Industrial Electronics, 2016, 63(4): 2221-2228.

[25] Liang J H, Wang T M, Wen L. Development of a two-joint robotic fish for real-world exploration[J]. Journal of Field Robotics, 2011, 28(1): 70-79.

[26] 梁建宏, 邹丹, 王松, 等. SPC-II 机器鱼平台及其自主航行实验[J]. 北京航空航天大学学报, 2005, 31(7): 709-713.

[27] 文力. 仿生机器鱼推进机理实验与控制研究[D]. 北京: 北京航空航天大学, 2010.

[28] Zhang L, Zhao W, Hu Y H, et al. Development and depth control of biomimetic robotic fish[C]. IEEE/RSJ International Conference on Intelligent Robots and Systems, 2007: 3560-3565.

[29] 王伟. 仿箱鲀机器鱼的智能控制、感知通信与自主定位研究[D]. 北京: 北京大学, 2016.

[30] Wang W, Zhang X X, Zhao J W, et al. Sensing the neighboring robot by the artificial lateral line of a bio-inspired robotic fish[C]. IEEE/RSJ International Conference on Intelligent Robots and Systems, 2015: 1565-1570.

[31] Su Z S, Yu J Z, Tan M, et al. Implementing flexible and fast turning maneuvers of a multijoint robotic fish[J]. IEEE/ASME Transactions on Mechatronics, 2014, 19(1): 329-338.

[32] 苏宗帅. 仿生机器鱼高机动运动控制研究[D]. 北京: 中国科学院研究生院, 2012.

[33] 吴正兴. 仿生机器鱼三维机动与滑翔运动控制研究[D]. 北京: 中国科学院大学, 2015.

[34] 成巍. 仿生水下机器人仿真与控制技术研究[D]. 哈尔滨: 哈尔滨工程大学, 2004.

[35] Zhang S W, Qian Y, Liao P, et al. Design and control of an agile robotic fish with integrative biomimetic mechanisms[J]. IEEE/ASME Transactions on Mechatronics, 2016, 21(4): 1846-1857.

[36] Rudolf D, Mould D. An interactive fluid model of jellyfish for animation[J]. Communications in Computer & Information Science, 2009, 68: 59-72.

[37] Daniel T L. Mechanics and energetics of medusan jet propulsion[J]. Canadian Journal of Zoology, 1983, 61(6):1406-1420.

[38] Colin S P, Costello J H. Morphology, swimming performance and propulsive mode of six co-occurring hydromedusae[J]. Journal of Experimental Biology, 2002, 205(3): 427-437.

[39] Colin S P, Costello J H, Dabiri J O, et al. Biomimetic and live medusae reveal the mechanistic advantages of a flexible bell margin[J]. Plos One, 2012, 7(11): e48909.

[40] Peng J F, Alben S. Effects of shape and stroke parameters on the propulsion performance of an axisymmetric swimmer[J]. Bioinspiration and Biomimetics, 2012, 7(1): 016012.

[41] Bajcar T, Malacic V, Malej A, et al. Kinematic properties of the jellyfish Aurelia sp.[J]. Hydrobiologia, 2009, 616: 279-289.

[42] Demont M E, Gosline J M. Mechanics of jet propulsion in the hydromedusan jellyfish, polyorchis-pexicillatus: I. mechanical properties of the locomotor structure[J]. Journal of Experimental Biology, 1988, 134: 313-332.

[43] Demont M E, Gosline J M. Mechanics of jet propulsion in the hydromedusan jellyfish, polyorchis-penicillatus: II. energetics of the jet cycle[J]. Journal of Experimental Biology, 1988, 134: 333-345.

[44] Demont M E, Gosline J M. Mechanics of jet propulsion in the hydromedusan jellyfish, polyorchis-penicillatus: III. a natural resonating bell the presence and importance of a resonant phenomenon in the locomotor structure[J]. Journal of Experimental Biology, 1988, 134: 347-361.

[45] Shahinpoor M, Kim K J. Ionic polymer-metal composites: I. fundamentals[J]. Smart Materials and Structures, 2001, 10(4): 819-833.

[46] Najem J, Sarles S A, Akle B, et al. Biomimetic jellyfish-inspired underwater vehicle actuated by ionic polymer metal composite actuators[J]. Smart Material Structures, 2012, 21(9): 299-312.

[47] Yeom S W, Jeon J, Kim H, et al. Bio-inspired jellyfish robots based on ionic-type artificial muscles[J]. Recent Advances in Electrical Engineering, 2015: 16525596.

[48] Akle B, Najem J, Leo D, et al. Design and development of bio-inspired underwater jellyfish like robot using ionic polymer metal composite (IPMC) actuators[J]. Electroactive Polymer Actuators and Devices, 2011, 7976(24): 1-11.

[49] Duerig T W, Melton K N, Stöckel D. Engineering Aspects of Shape Memory Alloys[M]. London: Butterworth-Heinemann, 1991.

[50] Shi L W, Guo S X, Asaka K. A novel jellyfish-like biomimetic microrobot[C]. IEEE International Conference on Complex Medical Engineering, 2011: 277-281.

[51] Bressers S, Chung S, Villanueva A, et al. JetSum: SMA actuator based undersea unmanned vehicle inspired by

jellyfish bio-mechanics[C]. Proceedings of SPIE: The International Society for Optical Engineering, Behavior and Mechanics of Multifunctional Materials and Composites, 2010, 7644: 76440G.

[52] Villanueva A, Smith C, Priya S. A biomimetic robotic jellyfish（Robojelly）actuated by shape memory alloy composite actuators[J]. Bioinspiration and Biomimetics, 2011, 6（3）: 036004.

[53] Villanueva A, Priya S, Anna C, et al. Robojelly bell kinematics and resistance feedback control[C]. IEEE International Conference on Robotics and Biomimetics, 2010: 1124-1129.

[54] Yamahata C, Lotto C, Al-Assaf E, et al. A PMMA valveless micropump using electromagnetic actuation[J]. Microfluidics and Nanofluidics, 2005, 1（3）: 197-207.

[55] Tortora G, Caccavaro S, Valdastri P, et al. Design of an autonomous swimming miniature robot based on a novel concept of magnetic actuation[C]. IEEE International Conference on Robotics and Automation, 2010: 1592-1597.

[56] Ko Y, Na S, Lee Y, et al. A jellyfish-like swimming mini-robot actuated by an electromagnetic actuation system[J]. Smart Material Structures, 2012, 21（5）: 057001.

[57] Yang Y C, Ye X F, Guo S X. A new type of jellyfish-like microrobot[C]. IEEE International Conference on Integration Technology, 2007: 673-678.

[58] 杨云春. 一种仿水母式机器人的研究[D]. 哈尔滨: 哈尔滨工程大学, 2007.

[59] Guo S X, Shi L W, Ye X F, et al. A new jellyfish type of underwater microrobot[C]. IEEE International Conference on Mechatronics and Automation, 2007: 509-514.

[60] Tadesse Y, Villanueva A, Haines C, et al. Hydrogen-fuel-powered bell segments of biomimetic jellyfish[J]. Smart Materials and Structures, 2012, 21（4）: 045013.

[61] Festo. AquaJellies 2.0[EB/OL].（2013-01-01）[2019-01-29]. https://www.festo.com/group/en/cms/10227.htm.

[62] 孝文. 美科学家打造机器水母可当水下间谍[J]. 今日科苑, 2013, 12: 66-67.

[63] 王鹏. 仿生机器水母推进理论与实验研究[D]. 哈尔滨: 哈尔滨工业大学, 2014.

[64] Boxerbaum A S, Werk P, Quinn R D, et al. Design of an autonomous amphibious robot for surf zone operation: part I: mechanical design for multi-mode mobility[C]. IEEE/ASME International Conference on Advanced Intelligent Mechatronics, 2005: 1459-1464.

[65] Harkins R, Ward J, Vaidyanathan R, et al. Design of an autonomous amphibious robot for surf zone operations: part II: hardware, control implementation and simulation[C]. IEEE/ASME International Conference on Advanced Intelligent Mechatronics, 2005: 1465-1470.

[66] Chalmers P. Lobster special[J]. Mechanical Engineering, 2000, 122（9）: 82-84.

[67] Zhang S W, Zhou Y C, Xu M, et al. AmphiHex-I: locomotory performance in amphibious environments with specially designed transformable flipper legs[J]. IEEE/ASME Transactions on Mechatronics, 2016, 21（3）: 1720-1731.

[68] Liang X, Xu M, Xu L C, et al. The amphihex: a novel amphibious robot with transformable leg-flipper composite propulsion mechanism[C]. IEEE/RSJ International Conference on Intelligent Robots and Systems, 2012: 3667-3672.

[69] 谢江. 多组机器人行走姿态控制方法研究[D]. 哈尔滨: 哈尔滨工程大学, 2017.

[70] Hobson B W, Kemp M, Moody R, et al. Amphibious robot devices and related methods[P]. USA: 6974356, 2005.

[71] Kemp M, Hobson B, Jr J H L. Madeleine: an agile AUV propelled by flexible fins[C]. Proceedings of the 14th International Symposium on Unmanned Untethered Submersible Technology, 2005.

[72] Prahacs C, Saunders A, Smith M K, et al. Towards legged amphibious mobile robotics[C]. The Inaugural Canadian Design Engineering Network Design Conference, 2011: 1-12.

[73] Georgiades C, German A, Hogue A, et al. The AQUA aquatic walking robot[C]. IEEE/RSJ International Conference on Intelligent Robots and Systems, 2004: 3525-3531.

[74] 张伟. 仿生青蛙机器人及其游动轨迹规划的研究[D]. 哈尔滨: 哈尔滨工业大学, 2017.

[75] 周静, 杨洋, 边宇枢. 小型两栖机器人机构与系统的研究[J]. 材料科学与工艺, 2006, 14(sup.): 87-91.

[76] 冯巍, 杨洋, 周静. 小型两栖机器人推进机构设计与水动力学分析[J]. 机械科学与技术, 2006, 25(11): 1325-1327.

[77] QinetiQ North America. C-TALON Submersible Security Robot[EB/OL]. (2020-04-01)[2020-04-01]. https://qinetiq.com/en-us/capabilities/robotics-and-autonomy/c-talon-submersible-security-robot.

[78] Takayama T, Hirose S. Amphibious 3D active cord mechanism "HELIX" with helical swimming motion[C]. IEEE/RSJ International Conference on Intelligent Robots and Systems, 2002: 775-780.

[79] Yamada H, Chigisaki S, Mori M. Development of amphibious snake-like robot ACM-R5[C]. 36th International Symposium on Robotics, 2005: 433-440.

[80] 张丹凤. 基于能量平衡的蛇形机器人被动蜿蜒步态研究[D]. 沈阳: 中国科学院沈阳自动化研究所, 2015.

[81] 刘策越. 面向快速测试进化形态的模块化机器人研究[D]. 北京: 中国矿业大学, 2018.

[82] 王生栋. 蛇形机器人结构设计与运动控制研究[D]. 哈尔滨: 哈尔滨工业大学, 2016.

[83] 岳林. 可重构蛇形机器人关节机构设计及运动性能研究[D]. 沈阳: 东北大学, 2015.

[84] Crespi A, Karakasiliotis K, Guignard A, et al. Salamandra robotica II: an amphibious robot to study salamander-like swimming and walking gaits[J]. IEEE Transactions on Robotics, 2013, 29(2): 308-320.

[85] Ijspeert A J, Crespi A, Ryczko D, et al. From swimming to walking with a salamander robot driven by a spinal cord model[J]. Science, 2007, 315(5817): 1416-1420.

[86] Kaznov V, Seeman M. Outdoor navigation with a spherical amphibious robot[C]. IEEE/RSJ International Conference on Intelligent Robots and Systems, 2010: 5113-5118.

[87] 王田苗, 仲启亮, 孟刚, 等. 仿鳄鱼水陆两栖机器人机构优化设计与试验验证[J]. 机械工程学报, 2010, 46(13): 76-82.

2

机器鱼的仿生设计与运动控制

2.1 引言

在过去 20 年中，仿生机器鱼的运动性能得到了快速提高。但是，在复杂水下环境执行任务，困难多，难度大，对仿生机器鱼的智能性提出了较高要求。为提高智能水平，仿生机器鱼必须搭载多种不同类型的传感器，获得复杂水下环境感知能力。20 世纪 70 年代以来，随着集成电路、微电子及计算机等技术的高速发展，各种集成传感器相继研制成功[1]。因采用集成电路工艺，集成传感器具有体积小、质量轻、寿命长、功耗低和成本低等优点，被广泛应用于各个领域。集成传感器的这些优点非常适用于仿生机器鱼系统。

视觉作为生物感知外界的重要方式之一，能够获取非常丰富的环境信息。目前，各种高性能微型摄像头层出不穷，为仿生机器鱼搭建视觉感知系统提供了基础条件。但是，与地面机器人相比，仿生机器鱼搭建视觉系统面临更多难题，例如，艏摇问题。仿生机器鱼波动游动方式导致其游动时头部不可避免地左右摇动，引起摄像头视角不断晃动，为后续计算机视觉处理带来了极大困难。

与其他水下机器人相比，仿生机器鱼具有典型的高机动特性，能在各种狭小紧密空间内自由游动。仿生机器鱼的高机动特性一部分得益于其较小的体型。但是，仿生机器鱼的小型化与其智能化在一定程度上相矛盾。因为智能化意味着需要安装较多的执行器、传感器和处理器，而小型化的仿生机器鱼内部空间又非常有限。根据以往设计经验，兼备良好运动性能及视觉功能的仿生机器鱼通常体型较大[2,3]。因此，妥善处理两者间的矛盾，研制出良好的机械结构和电控系统，是一个挑战。

本章给出一种具有主动视觉系统的小型仿生机器鱼的设计方案，包括机械结构、电控系统及软件系统等。总体设计目标归纳为：①设计一条仿生机器鱼，具有直游、转弯、上浮、下潜和横滚等动作能力；②仿生机器鱼应具有三个以上尾部关节，以较好地实现仿鱼游摆动；③仿生机器鱼整体长度应小于 50cm，以保证其小型化和灵活性；④仿生机器鱼应安装摄像头，同时摄像头需具有主动旋转功能，以调整视野稳定；⑤仿生机器鱼应安装其他传感器，如惯导传感器、深度传感器、红外测距传感器等。这些目标是保证所研制的仿生机器鱼既具有良好的机动性，又具备自主智能作业的基础。

2.2 机械系统设计

鱼类作为水中最古老的脊椎动物，在漫长的进化历程中获得了高超的水下运动能力。鱼类游动时，主要依靠身体的波动产生推进力[4]。为了模仿鱼类的身体波动，我们采用多连杆机构设计鱼体的后段。此外，鱼类的流线型外形能够有效减小流体阻力。鲨鱼作为海洋中最凶悍的猎手，是水中的游泳健将。研究表明，鲨鱼的流线型外形是拥有高超游动能力的原因之一[5]。鲨鱼体型前宽后窄，因此仿鲨鱼外形设计仿生机器鱼，既能获得较好的流线型外形，又能够获得较大的头部空间以放置摄像头及传感器等模块。此外，为了实现仿生机器鱼的三维运动，需要设计多自由度的胸鳍。最终，设计的仿生机器鲨鱼如图 2.1 所示，其主要的技术参数参见表 2.1。

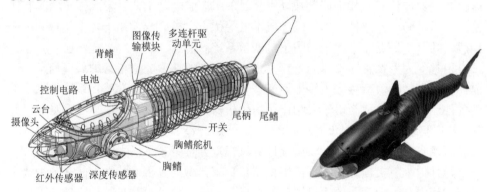

(a) 机械设计图   (b) 实物图

图 2.1　仿生机器鲨鱼总体设计图（见书后彩图）

表 2.1　仿生机器鲨鱼主要技术参数

项目	参数
尺寸(长×宽×高)	483mm×208mm×123mm
总质量	约 1.3kg
驱动方式	舵机(HS-7940H，SAVOX-1251TG)
传感器	红外传感器，深度传感器，IMU，摄像头
控制器	STM32F407VG
工作电压	7.4V

2.2.1 头部设计

本章所设计的机器鱼以鲨鱼为仿生对象,其外形尽量与真实的鲨鱼保持一致,以期获得良好的水动力学性能。

为了维护方便,仿生机器鲨鱼的壳体顶盖采用了分离式设计方式,顶盖与壳体间的静密封采用 O 形圈,如图 2.2 所示。整个壳体顶盖与壳体的连接部分被设计成凹陷的形状,以获得较大的开口,容易操作内部元件。壳体的前部设计为透明盖,便于摄像头采集水下图像。该透明盖在摄像头附近呈现半圆柱体形状,既保证了仿生机器鲨鱼的流线型外形,又保证了摄像头所采集图像不会因壳体的不规则曲面而产生形变。否则,不规则壳体导致的图像形变会影响图像检测及跟踪的质量,导致仿生机器鲨鱼丢失跟踪目标。

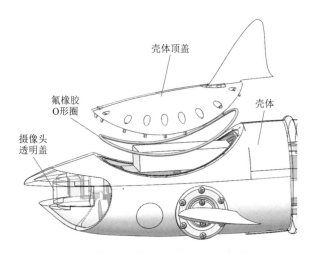

图 2.2　仿生机器鲨鱼头部及躯干壳体设计

2.2.2 图像增稳云台机构

鲨鱼眼睛的结构与绝大多数脊椎动物一样,都有角膜、晶状体及视网膜。虽然鲨鱼的视野范围仅 15m,但视觉在鲨鱼的狩猎活动中仍扮演着非常重要的角色。此外,某些鱼类的单只眼睛在水平面上的视角能够达到 180°,两只眼睛的视野范围接近 360°,所以鱼类即使没有灵活的脖子也能够在水下轻易地察觉到危险。仿生机器鲨鱼依靠尾部的左右摆动产生推动力。这种运动方式导致了仿生机器鲨鱼游动时头部沿左右方向剧烈晃动。目前,常规摄像头的视角远不如鱼眼,大概仅有 30°~75°。若摄像头随仿生机器鲨鱼头部一起左右晃动,就极易导致跟踪目标脱离摄像头视野,而且极易产生严重的图像退化,给视觉跟踪带来困难。为了解决这个问题,本章设计了适用于仿生机器鲨鱼的图像增稳云台机构(图 2.3)。云台电机通过固定支架固定在鱼体上，输出轴通过一个连杆和摄像头相连。同时，惯性测量单元(inertial measurement unit，IMU)固定在连杆上，用于测量摄像头的姿态信息。当仿生机器鲨鱼的身体左右摆动而导致摄像头左右晃动时，IMU 就可以测量出晃动幅度。控制器根据晃动程度控制云台电机旋转以抵消晃动，达到图像增稳的目的。此外，摄像头旋转意味着能够朝向不同的方向，相当于拓宽了仿生机器鲨鱼的视野。例如，朝向所需要跟踪的目标物体会极大降低跟丢目标物体的可能性。

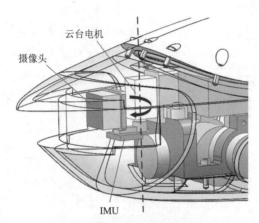

图 2.3　图像增稳云台机构设计

一般来讲，云台至少需要两个自由度才能够达到比较好的增稳效果。但是，仿生机器鲨鱼有限的内部空间导致设计两个自由度的增稳云台非常困难。同时，考虑到仿生机器鲨鱼主要解决的是偏航方向的增稳问题，而俯仰和横滚两个方向的姿态虽然也有变化，但是不及偏航方向剧烈。因此，本章设计的云台仅具有偏航方向的自由度。

考虑到仿生机器鲨鱼内部空间有限，应选择尽可能小的云台电机。HS-5035HD 是 Hitec 公司出品的一款微型伺服舵机。其尺寸仅有 18.6mm×7.6mm×15.5mm，质量仅为 4.5g，扭力为 0.8kg·cm，响应速度为 0.12s/60°。虽然该微型伺服舵机能够满足尺寸需求，但是由于舵机对输入信号(脉宽)的响应是离散的，使用舵机进行精细控制容易造成抖动，并不理想。为了达到比较好的控制效果，将该款伺服舵机的内部控制器拆下，转而直接控制伺服舵机内部的铁氧体电机。此时，伺服舵机相当于是一个装配好减速箱的电机。由于电机可以直接控制力矩，故可以实现相当精确的位置控制，从而满足图像增稳的需求。

2.2.3　胸鳍机构

胸鳍是鱼类水下快速灵活运动的保证。鱼类胸鳍的生理机构极其复杂[6]。为研究胸鳍的驱动方式及水动力模型，Gottlieb 等[7]设计了极其复杂的胸鳍机构。但是，因内部空间有限，仿生机器鲨鱼难以使用较复杂的胸鳍机构。综合考虑仿生机器鲨鱼的设计需求和内部空间限制，本章设计了一对具有两个自由度的胸鳍，其中每个胸鳍分别由一个舵机驱动。通过改变胸鳍角度，仿生机器鲨鱼能够实现下潜、上浮及横滚等动作。

针对胸鳍转轴的密封问题，采用格莱圈密封，具体设计如图 2.4 所示。首先，将左右两侧的舵机连同传动轴放入仿生机器鲨鱼壳体内部并安装好。然后，将封盖的底部装配到壳体上。封盖底部和壳体之间使用 O 形圈进行静密封。随后安装上轴承、垫片及用于动密封的格莱圈。最后，安装封盖顶部。胸鳍的设计以真实鲨鱼胸鳍为参照，以提供良好的水动力性能。

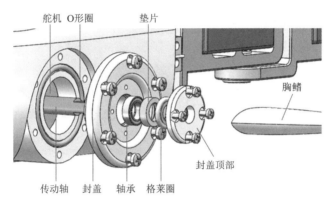

图 2.4　仿生机器鲨鱼胸鳍防水结构设计

2.2.4　多连杆机构

鱼类主要依靠身体至尾部产生的向后传播的鱼体波提供动力[8,9]。为了模仿鱼类的波动推进方式，本章研制了铰链多连杆机构。综合考虑运动性能和尺寸限制，并参考已有研究成果[10,11]，最终选择了三关节的多连杆机构驱动仿生机器鲨鱼，如图 2.5 所示。仿生机器鲨鱼尾部由一个 HS-7940H 所驱动的关节和两个 SAVOX-1251TG 所驱动的关节组成。靠近头部的关节采用的是扭力更大的 HS-7940H 舵机，因为该关节需要驱动除它本身以外的整个尾部，被驱动部分转动惯量较大，需要比较大的扭力。另外两个舵机选用了尺寸较小的 SAVOX-1251TG，这样可以最大限度地模仿鲨鱼尾部前大后小的形状。尾部的末端是尾鳍，尾鳍通过尾柄与多连杆机构连接起来。尾鳍的形状是根据真实鲨鱼的尾鳍所设计，以便获得较好的水动力性能。整个尾部的多连杆机构被一层柔软的乳胶所覆盖，达到密封防水的目的。

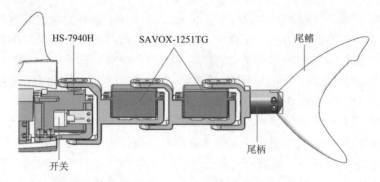

图 2.5　仿生机器鲨鱼尾部机构设计

2.3　电控系统设计

2.3.1　总体设计

　　仿生机器鲨鱼电控系统主要有三个功能:①为各个模块提供稳定可靠的电源;②为传感器和执行器提供驱动外围电路;③将可执行程序的微处理器与传感器和执行器连接起来。

　　由于内部空间非常狭小,仿生机器鲨鱼的电控系统应非常紧凑。此外,仿生机器鲨鱼需要非常精密的伺服控制,对实时性要求比较高。综合以上两点考虑,选择 STM32F407VG 作为微控制器。STM32F407VG 是意法半导体公司生产的基于 ARM Cotex-M4 内核的高性能处理器。其时钟频率最高可达 168MHz,同时具有 192KB 的静态随机存取存储器(static random-access memory,SRAM)及 1MB 的闪存存储器(flash memory),能够为嵌入式程序的开发提供足够的计算及存储资源。此外,STM32F407VG 还拥有数字信号处理(digital signal processing,DSP)内核及硬件浮点数运算单元,为仿生机器鲨鱼传感器的信号处理及控制器的实时运算提供了强大的运算保障能力。图 2.6 给出了所设计电控系统的基本架构。下面给出该电控系统架构中每一个模块的具体设计说明。

2.3.2　传感器模块

　　仿生机器鲨鱼的电控系统主要有四种传感器:惯性测量单元(IMU)、红外传感器、压力传感器及角度传感器。具体地,仿生机器鲨鱼有两个 IMU:一个位于主控板上,用于测量鱼体的姿态;一个固定在摄像头处,用于测量摄像头的姿态。两个 IMU 均为 InvenSense 公司的 MPU9150。MPU9150 是一款基于微机电系统

(micro electro mechanical system，MEMS)技术的九轴姿态传感器，含有一个三轴加速度传感器、一个三轴角速度传感器和一个三轴磁力传感器。同时，MPU9150 内部还具有数字运动处理器(digital motion processor，DMP)。通过对 DMP 进行固件加载可以在 MPU9150 上完成对原始传感器信号的滤波及融合，直接获取到姿态信息，降低主控芯片的计算压力。此外，MPU9150 采用触点阵列封装(land grid array，LGA)，尺寸仅为 4mm×4mm×1mm，非常适用于内部空间狭小的仿生机器鲨鱼。

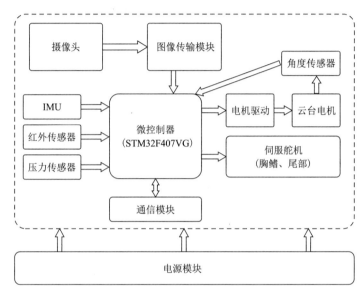

图 2.6　电控系统基本架构

　　压力传感器通过测量当前所处环境的水压来估计机器鱼的运动深度。红外传感器分别安装于仿生机器鲨鱼的左侧、前方及右侧，用于测量这三个方向是否有障碍物。压力传感器和红外传感器都以模块的方式采用了以前的设计，具体可参见文献[12]。角度传感器位于云台电机 HS-5035HD 内部，其本质上是一个圆形的滑动变阻器，与减速箱的输出轴装配在一起。输出轴的旋转会带动该滑动变阻器的滑片滑动，改变变阻器的阻值。从变阻器的阻值变化能够判断出输出轴转动的角度，即通过对变阻器滑片的电位进行模数(analog-digital，A/D)转换便可得到云台电机转动的角度。而 STM32F407VG 内部就集成了 A/D 转换模块，故只需要将角度传感器的输出引脚连接到 STM32F407VG 的 A/D 转换引脚即可。

2.3.3　电源模块

　　仿生机器鲨鱼的电源模块主要为以下几个模块供电：①主控芯片；②传感器(IMU、红外传感器、压力传感器和角度传感器)；③伺服舵机；④电机驱动；⑤通信模块；⑥摄像头及图像传输模块。

　　总结起来，仿生机器鲨鱼所需要的电源电压主要有 3.3V、7.4V 和 12V。其中，主控芯片和 IMU 等常见的数字集成电路及其外围电路采用 3.3V 供电；红外传感器和压力传感器采用 12V 供电，摄像头及图像传输模块也需要 12V 供电；伺服舵机一般需要 6V 供电。电机驱动可以直接使用电池电压。为降低电源模块设计复杂度，应尽量减少电控系统的电压种类。最终，选择 7.4V 的锂离子电池作为仿生机器鲨鱼的供电电池。由于伺服舵机的输入电压有一定的超压承受范围，故可直接使用 7.4V 的电池为伺服舵机供电。电机驱动也使用电池电压 7.4V 供电。3.3V 和 12V 是必须使用的，因为没有可以替代的方案，必须通过升降压解决。通信模块选择了 3.3V 供电的 HC-12 无线串口模块。

2.3.4　电机驱动模块

　　仿生机器鲨鱼所使用的云台电机为直流有刷电机，只要能够改变电机两个输入端的电势差，就可以驱动电机旋转。因云台电机需要正反转，而控制直流有刷电机正反转一般使用 H 桥的电路结构实现。云台电机的输出力矩通过脉冲宽度调制(pulse width modulation，PWM)的方式进行调节，而 PWM 的频率一般较高，故驱动电路的响应速度必须足够快。由于空间限制，电机驱动模块尺寸需尽可能小。

　　基于以上几点需求，选用三洋公司的 LV8548M 作为电机驱动模块的核心芯片。该芯片内部集成了两个 H 桥电路，每个 H 桥的电流输出能力均为 1A，工作电压为 4~16V，封装尺寸仅为 6.4mm×5mm×1.7mm。考虑到仅需要驱动一个电机，故可以将该芯片的两个 H 桥并联以增强输出能力。

2.3.5　通信模块

　　电磁波在水中的衰减速率非常快，并且频率越高，电磁波衰减越快。为了防止因电磁波衰减而导致的通信失败，需要选择工作频率低、发射功率高的无线通信模块。HC-12 是一款工作在 433MHz 频段的无线通信模块，用户端协议采用通用同步/异步串行接收器/发送器(universal synchronous/asynchronous receiver/transmitter，USART)，无线发射功率为 100mW，尺寸为 27.8mm×14.4mm×4mm。不仅工作频率低、发射功率高，尺寸还非常小，非常适合应用于仿生机器鲨鱼。

2.4　软件系统设计

　　仿生机器鲨鱼属于实时性要求较高的系统，因此软件设计以完成实时任务的嵌入式软件设计为主。同时，仿生机器鲨鱼需要与控制中心进行交互，完成控制中心指定的动作。而控制中心采用便于交互的桌面软件，因此仿生机器鲨鱼的软件系统设计也涉及桌面软件设计。

2.4.1 嵌入式软件设计

仿生机器鲨鱼的嵌入式软件系统是一个任务繁多的系统。该嵌入式软件系统需要完成外围硬件驱动、传感器信号采集、数字信号处理、控制算法解算、通信及故障检测等任务。面对如此繁多的任务，若不使用操作系统而直接在嵌入式处理器中运行一个单线程的程序，将会增加开发、维护和程序拓展的难度。因此，我们为仿生机器鲨鱼的嵌入式软件系统选用了一款嵌入式实时操作系统（real-time operating system，RTOS）μC/OS-III。μC/OS-III 是一个可裁剪、可固化、可剥夺的实时内核，能够提供现代实时内核所能提供的所有服务，如资源管理、任务间同步、任务间通信等[13]。此外，μC/OS-III 的源代码公开，并有详尽的解释，这使得 μC/OS-III 非常便于移植到不同的嵌入式处理器平台。我们使用移植到 STM32F407VG 的 μC/OS-III 作为操作系统，利用其内核提供的服务，以多线程的方式实现了仿生机器鲨鱼所需要完成的任务，最大限度地保证各个任务之间的独立性，降低了嵌入式软件系统的开发难度。

图 2.7 给出了仿生机器鲨鱼的嵌入式软件系统架构示意图。μC/OS-III 作为一个轻量级的操作系统内核，并没有规定驱动程序的编写框架，故驱动程序可以按照一般的嵌入式程序进行编写。但需要注意资源的管理，不能造成数据冲突。在操作系统内核和驱动程序的基础上，我们定义了多个进程。进程拥有自身独立的堆栈，可以在不影响其他进程的前提下独立进行修改和拓展。仿生机器鲨鱼的嵌入式软件系统中的进程主要分为三个模块，包括传感模块、控制模块和通信模块。传感模块的主要功能是对传感器的数据进行获取和信号处理。传感模块中有四个进程，分别处理 IMU、角度传感器、深度传感器及红外传感器的信号。这些进程都按照各自设定的固定周期运行，每隔一段时间对传感器数据进行一次获取并滤波。控制模块的主要功能是控制仿生机器鲨鱼运动、增稳云台及主动视觉跟踪等，分别由鱼体运动控制进程、增稳云台控制进程及主动视觉控制进程负责。其中鱼体运动控制进程和增稳云台控制进程是按照设定的固定周期运行的，因为这两个控制的控制周期是固定的。而主动视觉控制进程则没有固定周期，其在主循环中等待视觉处理的结果，得到结果时才开始处理。通信模块仅有一个进程，其主要负责与控制中心的通信并改变嵌入式软件系统的各项参数，以达到使用控制中心从高层控制仿生机器鲨鱼的目的。同时，它也负责将采集到的数据按照控制中心的要求反馈给控制中心，达到监测仿生机器鲨鱼状态的目的。

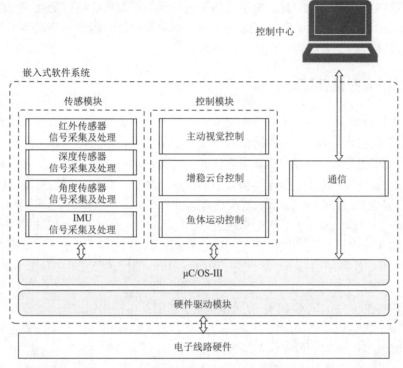

图 2.7　嵌入式软件系统架构示意图

2.4.2　控制中心软件设计

　　仿生机器鲨鱼的嵌入式软件系统主要负责实时性要求较高的控制任务。受限于嵌入式微控制器的计算能力，对计算能力要求较高的任务，如图像处理和深度增强学习等，则必须使用计算能力更强的平台。个人计算机(personal computer，PC)作为当前最常用的计算平台，不仅拥有较高的计算能力，还有完备的软件支持，非常适合用来完成仿生机器鲨鱼系统中较高级功能的软件开发。此外，为了便于操控仿生机器鲨鱼系统，还需设计必要的交互系统，因此便于进行桌面软件开发的个人计算机成了最适合于仿生机器鲨鱼控制中心的开发平台。

　　仿生机器鲨鱼控制中心使用桌面软件开发环境，需要完成的任务包括图像处理、深度增强学习、科学计算、图形化交互及串口通信等。为了尽量加快开发速度，需要选择合适的软件框架。此外，为了简化软件系统的架构，应尽量使用一种语言完成上述所有任务。综合考虑，Python 语言为最适合的编程语言。Python语言作为一门脚本语言，不仅具有面向对象的特性，还有非常丰富的内置库函数及第三方库函数的支持，用其进行软件开发具有极高的开发效率[14]。此外，Python作为一门非常流行的语言，非常多的软件框架具有面向 Python 语言的接口，如

OpenCV、TensorFlow、Qt、MATLAB 等。这使得我们仅使用 Python 一门语言就可以完成所有功能。虽然 Python 有运行效率不高的缺陷，但所幸我们所需要的计算密集型任务的软件框架其底层实现均为 C++，既保证了运行效率，又保证了 Python 开发的便捷性。综上所述，我们使用 Python 编程语言，以 PyQt 为图形交互框架，OpenCV 为图像处理框架，TensorFlow 为增强学习框架，Scipy 为科学计算框架，Pyserial 为串口通信框架，在桌面 Linux 环境下，构建了仿生机器鲨鱼的控制中心桌面软件。该软件的结构示意图如图 2.8 所示。

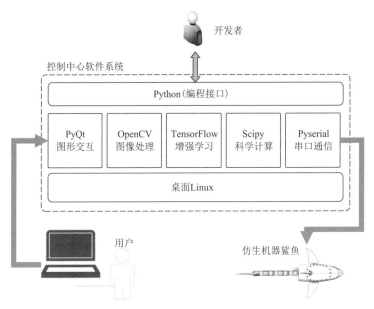

图 2.8　控制中心软件系统架构示意图

2.4.3　通信协议设计

仿生机器鲨鱼的通信采用工作在 433MHz 频段的 HC-12 无线通信模块，虽然其工作频率低、发射功率大、在空气中的传播距离可达 1000m，但因其使用电磁波进行通信，电磁波信号在水中衰减极快，时常会出现数据错误和丢包等问题。由于通信方式不可靠，就必须要设计良好的通信协议以保证数据的正确传输。

本章基于 HC-12 提供的点对点的字节传输服务，设计了具有主从关系及应答重传机制的通信协议以应用于仿生机器鲨鱼软件系统。在该通信协议中，控制中心为客户端，仿生机器鲨鱼为服务端。服务端不主动发起数据传输请求，数据传输请求仅由客户端发起。服务端在收到请求数据时，马上返回应答数据。而客户端在发送请求数据后，等待应答数据。若超时未收到应答数据，则启动应答重传机制。具体过程可参见图 2.9。为使该通信协议得以正常工作，同时兼顾数据传输效率和错误检测的需求，设计相应的通信协议数据帧格式。两种数据帧格式组成相似，均有协议标记、数据包长度、数据包及和校验等字段。协议标记字段用于区分究竟是请求数据帧还是应答数据帧。命令 ID 用于标记请求数据帧发送的是什么命令。应答数据帧不具有命令 ID 字段，因为应答数据必定是应答当前命令的。数据包长度字段用于标记该数据帧的长度，便于辨识数据帧结尾。和校验通过将数据帧中除了协议标记字段之外的部分求和以检测数据帧中是否有误码。

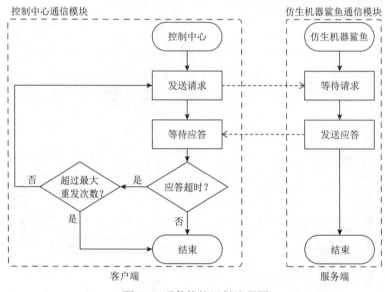

图 2.9   通信协议运行流程图

2.5   三维运动控制

2.5.1   仿生 CPG 模型

真实的鱼类通过产生从前向后传播的鱼体波产生向前的动力。仿生机器鱼为了按照鱼体的姿态游动，就需要能够产生这种鱼体波。一般而言，鱼体波的幅值是不均匀的。越靠近鱼体尾部，鱼体波的幅值越大。一般使用式(2.1)来描述鱼体波：

$$y_{body}(x,t)=(c_1 x + c_2 x)^2 \sin(kx + \omega t) \tag{2.1}$$

式中，y_{body} 表示鱼体的横向位移；x 表示以头尾连接线为坐标轴的坐标；$k=2\pi/\lambda$ 表示波数，其中，λ 表示鱼体波的波长；ω 表示鱼体波的频率；c_1 和 c_2 分别表示鱼体波幅值的包络线的一次和二次系数。

要在仿生机器鱼上复现鱼体波，一个最直接的想法就是根据式(2.1)，设定仿生机器鱼尾部各个关节的角度，使其尽量拟合式(2.1)，这种方法称为鱼体波曲线拟合法[15,16]。但是，使用鱼体波曲线拟合法有两个缺点：①鱼体波曲线拟合法需要对仿生机器鱼尾部的多连杆机构进行非常精确的建模及适当的离散化，计算公式复杂；②当需要进行姿态的切换时，例如幅值、频率或相位差的改变，使鱼体波曲线拟合法做到平滑切换非常难，这对仿生机器鱼的机械结构和运动控制都非常不利。

除了鱼体波曲线拟合法外，基于 CPG 模型的控制方法也被广泛地应用于仿生机器鱼的运动控制中[17-19]。CPG 是一种广泛存在于脊椎动物中的神经网络，能够在没有任何感知反馈或者高级神经中枢的控制信号的情况下产生协同的节律动作[20]。例如，七鳃鳗就是依赖 CPG 在水中进行游动的[21]。CPG 模型就是在 CPG 的启发下构建的一种人工神经网络，这种人工神经网络能够被有效地应用于仿生机器鱼的运动控制[22-25]。基于 CPG 模型的控制方法相比于鱼体波曲线拟合法的最大优点在于，它能够在参数发生突变时，平滑地由一种状态过渡到另外一种状态。

一般而言，CPG 模型包括若干个神经元振荡器，这些神经元按照一定的拓扑结构相互耦合，从而产生互相配合的节律输出。具体来说，我们所使用的 CPG 模型由两列神经元组成，其中每个神经元都与距其最近的神经元相互耦合，如图 2.10 所示。在该 CPG 模型中，共有六个神经元。每两个神经元构成一组，其输出的信号用以驱动多连杆机构的一个关节进行转动。若将从头至尾的三个关节依次标记为 1 至 3 号关节，左侧的三个神经元标记为 1 至 3 号神经元，右侧的三个神经元标记为 4 至 6 号神经元，则该 CPG 模型可以使用数学公式描述：

$$
\begin{cases}
\dot{\theta}_i = 2\pi v_i + \sum_{j \in T(i)} \omega_{ij} \sin(\theta_j - \theta_i - \phi_{ij}) \\
\ddot{r}_i = a_i \left(\dfrac{a_i}{4}(R_i - r_i) - \dot{r}_i \right) \\
x_i = r_i(1 + \cos\theta_i)
\end{cases}
\quad (2.2)
$$

式中，θ_i 和 r_i 分别表示第 i 个神经元的相位和幅值；θ_j 表示第 j 个神经元的相位；v_i 和 R_i 分别表示第 i 个神经元的本征频率和本征幅值；a_i 表示一个符号为正的常数；ω_{ij} 和 ϕ_{ij} 则决定了第 i 个神经元和第 j 个神经元之间耦合的权重及相位差；$T(i)$ 为发出传入第 i 个神经元耦合信号的神经元的集合，例如，根据图 2.10，第 1、3、5 个神经元都发出了传入第 2 个神经元的耦合信号，则 $T(2) = \{1,3,5\}$；x_i 为第 i 个神经元的输出。

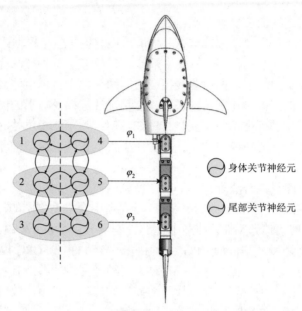

图 2.10　仿生机器鲨鱼 CPG 模型结构图（见书后彩图）

第 i 个关节的输出角度则通过式 (2.3) 计算得到：

$$\varphi_i = x_i - x_{3+i} \tag{2.3}$$

从式 (2.2) 可以看出，CPG 模型中包含了大量的参数，其中包括 ν_i、R_i、ω_{ij} 和 ϕ_{ij}。为了简化该模型，减少参数，我们对模型的参数做了一定的约束：

(1) 所有神经元的本征频率均相等，即 $\nu_i = \nu$。

(2) 所有的耦合权重均相等，即 $\omega_{ij} = \omega$ 及 $a_i = a$。

(3) 左侧和右侧的神经元相位差恒为 π，也即以相反相位振荡。

(4) 对于同侧的神经元，沿数字递增方向的神经元之间的相位差统一设为 $\Delta\phi$（如神经元 1 发出至神经元 2 的耦合信号），沿数字递减方向的神经元之间的相位差统一设为 $-\Delta\phi$（如神经元 5 发出至神经元 4 的耦合信号）。

根据上述约束，尾部相邻的两个关节之间角度的相位差将会是固定的。但这对于仿生机器鲨鱼来说是可行的，因为相邻两个关节之间的距离都是固定的。在上述的约束下，求解式 (2.2) 的微分方程可得系统的输出最终会收敛于式 (2.4)：

$$\varphi_i^\infty(t) = (A_{Li} - A_{Ri}) + (A_{Li} + A_{Ri})\cos(2\pi\nu t + i\Delta\phi + \phi_0) \tag{2.4}$$

式中，A_{Li} 和 A_{Ri} 分别为左侧神经元和右侧神经元的本征幅值；ϕ_0 为神经元的初始相位状态。从式 (2.4) 可以看出，$(A_{Li} - A_{Ri})$ 代表着第 i 个关节的偏置，$(A_{Li} + A_{Ri})$ 代表着第 i 个关节的幅值。如果我们想要将第 i 个关节的偏置和幅值分别设为 δ_i 和

A_i，则只需要设定 $A_{Li} = (A_i + \delta_i)/2$ 及 $A_{Ri} = (A_i - \delta_i)/2$ 即可。通过设定合适的 ν、$\Delta\phi$、A_i 和 δ_i 来设定用于控制仿生机器鲨鱼尾部舵机的正弦信号的频率、相位差、幅值及偏置。在本章中，参数被设定为固定值，如下：

$$\begin{cases} \omega = 4 \\ a = 100 \\ A_1 = 20\pi/180 \\ A_2 = 29\pi/180 \\ A_3 = 38\pi/180 \end{cases} \tag{2.5}$$

而其他的参数则根据所执行动作的不同被设为适当的值。图 2.11 给出了当 CPG 模型参数发生突变的时候，模型输出变化的例子。从图中可以看出，CPG 模型的输出以非常平滑的方式收敛到了新的波形上，没有不连续的现象发生。

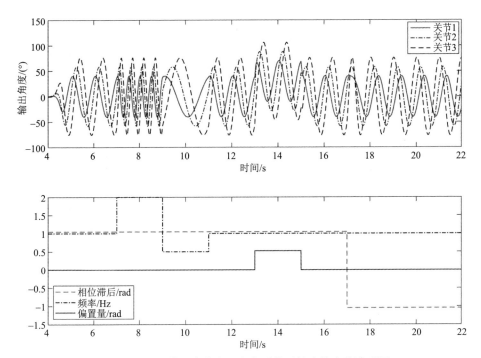

图 2.11　CPG 模型参数发生变化时模型输出的变化波形图

2.5.2　三维运动分析及控制

在 CPG 模型的基础上，仿生机器鲨鱼能够通过尾部有节律的摆动获得向前的推力。为了获得三维运动的能力，就需要实现包括转向、下潜、上浮、横滚及倒游等基本动作。通过适当地调节 CPG 模型的参数及胸鳍的攻角就可以实现仿生机器鲨鱼的三维运动。

根据式(2.1)得到，鱼体上每个位置的波动幅值是固定的，仅与x有关。故由CPG模型输出到仿生机器鲨鱼尾部舵机的正弦信号的幅值也是固定的。为了改变仿生机器鲨鱼的速度，可以改变鱼体波的频率，即改变式(2.1)中的ω。当仿生机器鲨鱼需要转向的时候，只需要改变每个关节的偏置量δ_i即可。为了简单起见，我们设$\delta_i = \beta A_i$，其中β为所有关节的偏置率。当仿生机器鲨鱼需要左转的时候，只需要将β设定为一个正的值即可；如果需要右转，则将β设为负数；直游时，β设为0。

本章所设计的仿生机器鲨鱼并没有浮力调节机构，仿生机器鲨鱼的上浮和下潜依靠的是胸鳍动作，同时还需要仿生机器鲨鱼具有一定的游速。具体讲，当仿生机器鲨鱼以一定速度向前游时，若胸鳍前方朝下，相对仿生机器鲨鱼向后的水流会对胸鳍产生作用力。该作用力有一个向下的分力，推动仿生机器鲨鱼下潜，如图2.12(a)所示。当需要上浮的时候，只需要将胸鳍前方朝上，水流会对胸鳍产生一个向上的分力，推动仿生机器鲨鱼上浮，如图2.12(b)所示。仿生机器鲨鱼依靠胸鳍还能够实现滚转运动[图2.12(c)]。当一个胸鳍前方朝下，另一个胸鳍前方朝上时，仿生机器鲨鱼左右两个胸鳍会分别受到一个向上的力和一个向下的力。这两个力会造成仿生机器鲨鱼在滚转方向上有一个力矩，带动仿生机器鲨鱼实现横滚转动。

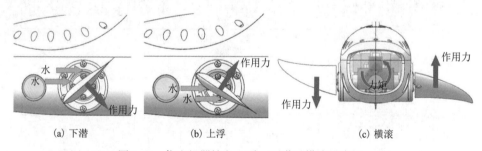

(a) 下潜   (b) 上浮   (c) 横滚

图 2.12   仿生机器鲨鱼上浮、下潜及横滚示意图

2.5.3   实验与分析

为了定量评估仿生机器鲨鱼的运动性能，我们采用一个基于全局视觉感知的运动测量系统[26]。同时，需要在仿生机器鲨鱼顶部贴上一个红色色块及一个黄色色块作为系统辨识测量目标的标识。

实验水池长500cm，宽400cm，深120cm。运动测量系统所使用的全局视觉摄像头悬挂在水池正中央距离水面190cm处。全局视觉摄像头通过有线连接的方式连接到服务器。服务器通过全局视觉摄像头所采集到的图像对仿生机器鲨鱼的位置进行检测并给出其当前的位置和速度。同时，服务器还通过无线数据传输模块 HC-12 给仿生机器鲨鱼发送指令，令其以不同的运动参数运动，进而比较不同参数下仿生机器鲨鱼的运动性能。图 2.13 给出了实验环境的示意图。

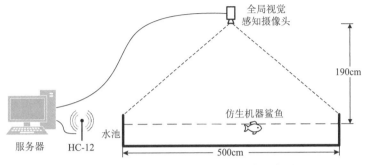

图 2.13　仿生机器鲨鱼运动实验环境示意图

图 2.14 给出了仿生机器鲨鱼上浮和下潜运动的实验截图。图 2.15 给出了仿生机器鲨鱼进行转向时动作测量系统所检测到的游动路径。实验采用了式(2.5)所设定的 CPG 模型参数。CPG 模型的特征参数包括频率 ν、相位差 $\Delta\phi$ 及偏置率 β。为了探索这些参数与仿生机器鲨鱼运动性能之间的关系，我们设计了一组实验。具体地，使用 6 组频率(分别为 $\nu = 0.5, 0.75, 1.0, 1.25, 1.5, 1.75$)和 5 组相位差(分别为 $\Delta\phi = 30°, 45°, 60°, 75°, 90°$)的组合来测量仿生机器鲨鱼在这些参数组合下的游速。实验结果如图 2.16 所示。

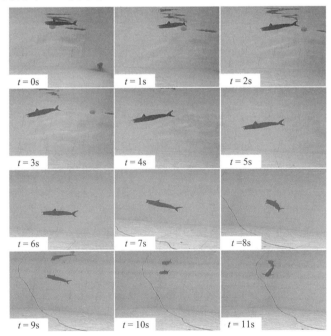

图 2.14　上浮、下潜运动实验截图

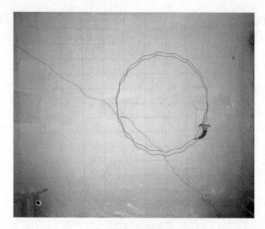

图 2.15 转向运动实验截图

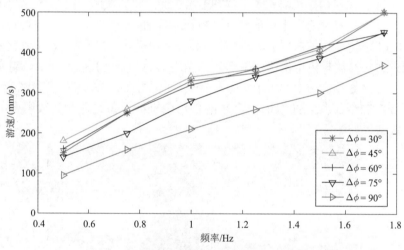

图 2.16 游速与频率及相位差之间的关系

由图 2.16 可知，无论相位差是多少，频率越高，仿生机器鲨鱼游动越快。在相同的频率下，当相位差为 30°、45°和 60°时，仿生机器鲨鱼的游速较为接近。而当相位差大于 60°时，表现出来的规律则是相位差越大，仿生机器鲨鱼的游速就越低。此外，在实验中还发现，相位差越小，仿生机器鲨鱼头部晃动的幅度就越大。而头部的晃动会给仿生机器鲨鱼的视觉系统带来极大的负面影响，应该尽量避免。故为了兼顾提升游速和减少头部晃动的需求，最优的相位差数值应为 60°。

在设定频率为 1Hz、相位差为 60°的前提下，我们还对仿生机器鲨鱼的转向性能进行了研究。设定了一组偏置率参数 $\beta = 0.2, 0.4, 0.6, 0.8$，以研究偏置率和转向半径及转向角速度之间的关系。实验结果如图 2.17 所示。从图中可以看出，偏置率越大，相应地，转向半径越小，则转向角速度越快。

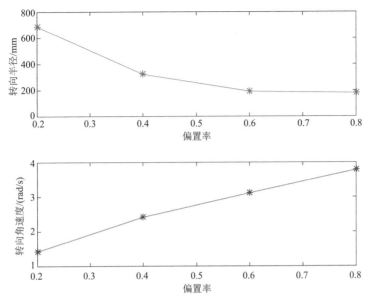

图 2.17　偏置率与转向半径和转向角速度之间的关系

2.6　能量采集与分析

仿生机器鱼的续航能力备受关注。如何在保证其速度的前提下最大限度地降低功耗，是该领域的一大难题，本节以两关节仿生机器鲨鱼为研究对象，研究仿生 CPG 各个参数对每个关节的能量消耗和影响。

2.6.1　能量采集系统设计

仿生机器鲨鱼的能量消耗涉及许多方面，比如控制电路的消耗、传感器电路的消耗及关节运动的消耗，然而最主要的消耗集中在关节运动上。本节的仿生机器鲨鱼基于多连杆机构的舵机驱动，因而能量消耗主要是舵机的消耗，通过实时对舵机的电流、电压及瞬态功耗进行监测，来研究 CPG 模型各个参数对于多连杆机构控制下的仿生机器鲨鱼的功耗影响。

为进行电流和电压数据的采集，在原有嵌入式控制系统上增加能量采集电路系统来进行电压电流数据的测量。电压的采集可以利用模数转换器(analog-to-digital converter，ADC)直接对电压进行分压采样，但是电流却无法直接测量，需要将电流转换为电压再进行采样，反算回去才能够得到电流数据。由欧姆定律可知，利用电阻可以将电流转换为电压，然而电阻阻值却需要合理选择，如果阻值太大，则限制系统电路的输出电流；如果阻值太小，则电压数据太小，不利于后续信号的放大且灵敏度不高，同时多路信号同时采样对于采样率和采样精度都有很高的要求。本章采用 Maxim 公司的模数转换芯片 MAX11331，其采样精度 12 位和 10 位可选，采样率可达 3MSPS，采样通道多达 16 个，而仿生机器鱼上最多支持八路舵机的电压电流数据采集。其采用串行外设接口(serial peripheral interface，SPI)进行数据通信，既可以工作在内部时钟模式下又可以工作在外部时钟模式下，支持单通道数据采集同时也支持可编程通道序列采样，最重要的是功耗很低，最大功耗只有 15.2mW。其采用外部参考源，本章采用 Maxim 公司的 MAX6133-3.0 来作为其 3V 的外部参考源。电压采样由于舵机的供电电压是 6V，而 MAX11331 芯片最大的输入电压只能是 3V，利用一个 100kΩ 和 200kΩ 电阻将其降压采样；电流测量通过在电流干路中串入一个 0.01Ω 的功率电阻进行采样，随后采用 Maxim 公司的 MAX4172 电流采样芯片来对采样的电流进行放大，为了防止采样 ADC 对电流采样输出的影响，利用 LM324 运放进行放大器的跟随来隔离采样端和电流输出端。整个能量采集系统的系统框图及印制电路板(printed-circuit board，PCB)分别见图 2.18 及图 2.19。

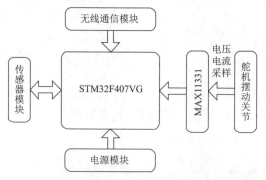

图 2.18　能量采集系统框图

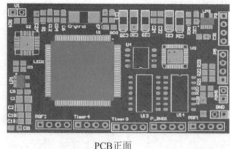
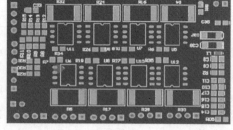

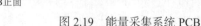

图 2.19　能量采集系统 PCB

能量采集系统的嵌入式软件开发主要包括 MAX11331 驱动程序开发、数据采集控制程序开发及无线数据传输控制开发。MAX11331 采用串行外设接口总线协议进行数据通信，通信数据的长度为 16 位，其既可以工作在内部时钟模式下又可以工作在外部时钟模式下。内部时钟有四种工作模式：REPEAT、STANDARD INT、UPPER INT 及 CUSTOM INT。外部时钟有五种工作模式：MANNUAL、STANDARD EXT、UPPER EXT、CUSTOM EXT 及 SMAPLE SET 模式。其工作之前需要对内部寄存器进行配置以使其工作在恰当的模式下，包括选择参考源的类型，选择输入模式、设置时钟模式、时钟工作模式及采集模式，其工作流程图如图2.20所示。

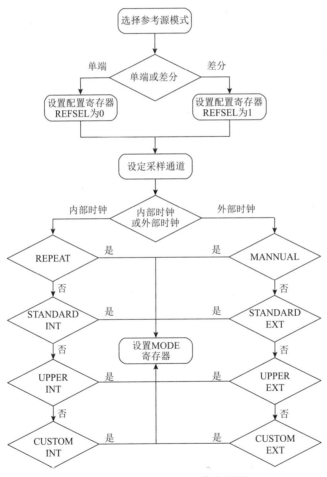

图 2.20 MAX11331 工作流程图

由于舵机是采用20ms的PWM波进行调制控制的，而PWM波的高电平脉冲宽度在 1ms 到 2ms 之间，每组 CPG 的数值更新周期同样为 20ms，在兼顾实时性及采样精度的情况下，我们采用 1ms 作为测量周期，每 20ms 作为一帧进行电流电压的数据采集。在采样时为消除随机的干扰，采用均值滤波的方法进行采集。本节仿生机器鲨鱼有两个关节，对应了四组采样通道，每20ms内对瞬态功率进行平均计算作为每组CPG控制值的功率消耗，利用无线实时传输到上位机进行显示。

2.6.2 能量数据分析

本节中的能量采集基于两关节仿生机器鲨鱼。研究中分别控制CPG的幅值、频率和相位三个参数中的两个不变来研究另外一个参数对于每个舵机关节的能量消耗影响，最终利用对每个关节的电流、电压的实时测量达到功率测量的目的。本节中舵机的供电电压是6V，由于舵机的特性不同，其电流电压特性也会有所不同，每个关节的电流、瞬态功率及电压特性分别如图2.21～图2.23所示。

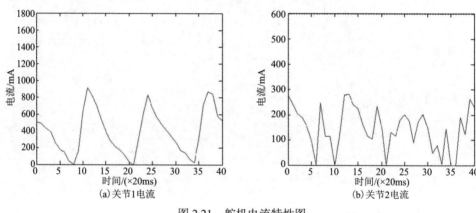

图 2.21 舵机电流特性图

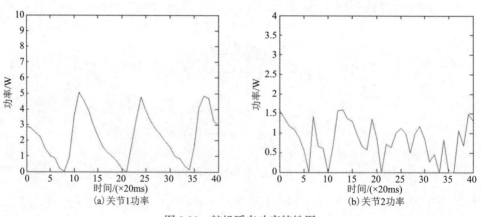

图 2.22 舵机瞬态功率特性图

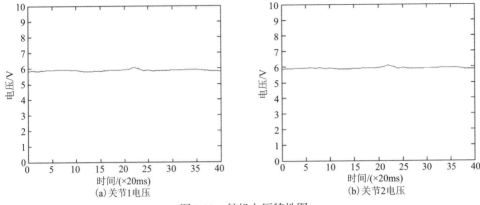

图 2.23 舵机电压特性图

CPG 模型幅值参数的大小直接影响仿生机器鲨鱼的关节摆动幅值,进而会带来速度的变化和能量的消耗。通过不断调节仿生机器鲨鱼幅值,观测每个关节的瞬态电压和瞬态电流,最终实时测量出每个关节的瞬态功率。仿生机器鲨鱼拥有直游、左转、右转、上浮及下潜五个运动模态,其中上浮、下潜的能量消耗与直游模态下特性几乎一致,因为上浮、下潜主要是利用胸鳍提供攻角来实现方向控制,而尾鳍的运动模型与直游模态下几乎一致,因而下面将分别对直游、左转、右转三种运动模态进行研究,分别在每个模态下给定不同组的摆动幅值来研究其能量消耗与幅值的关系。具体地,设定频率 $\omega = 22$ 、 $\theta = 0°$,随后分别取五组幅值参数,起始幅值为 $A_1 = 10.7032$ 、 $A_2 = 30.0787$,步进为 5,分别让其运动在直游、左转、右转模态下,其功率特性分别如图 2.24~图 2.26 所示。从所得数据可以看出,在频率和相位一定的情况下,每个关节消耗的平均电流和平均功率随着幅值的增加而增加。其电压值虽然有所波动,但主要来自电源的波动及采样电阻两端压降变化所致。

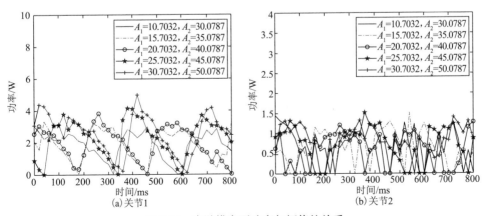

图 2.24 直游模态下功率与幅值的关系

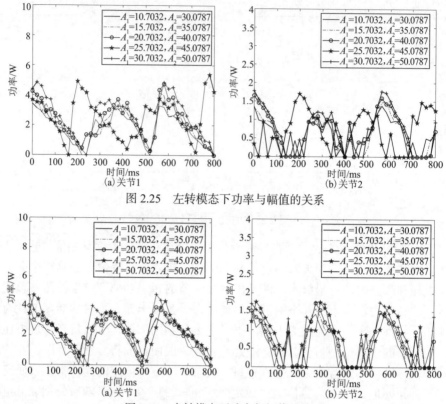

图 2.25　左转模态下功率与幅值的关系

图 2.26　右转模态下功率与幅值的关系

CPG 模型的频率参数主要影响关节的摆动速度，而其摆动速度的不同必然会带来不同的功率消耗，且频率越大，仿生机器鲨鱼的推进速度会越大，同样地其能量消耗也必然随之增加。为了验证该猜想，设定幅值 $A_1 = 25.7032$、$A_2 = 45.0787$、$\theta = 0°$，随后分别取五组频率参数，起始频率为 $\omega = 22$，步进为 2，分别让其运动在直游、左转、右转模态下，其功率特性分别如图 2.27～图 2.29 所示。从所得数据

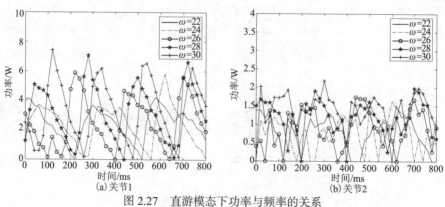

图 2.27　直游模态下功率与频率的关系

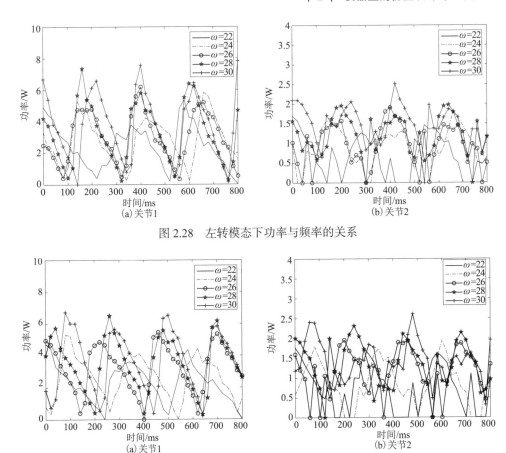

图 2.28　左转模态下功率与频率的关系

图 2.29　右转模态下功率与频率的关系

可以看出，在相位和幅值一定的情况，每个关节消耗的平均电流和平均功率随着频率的增加而增加。

CPG 模型的相位参数主要影响关节之间摆动的协调性，关节之间协调性的不同对于仿生机器鱼的推进速度也有直接的影响，然而虽然相位对于仿生机器鱼的速度有直接的影响，但是从能量的消耗角度来说，其影响却相对较小，因为虽然相位不同，但是对于相同的摆动幅值和频率情况下，相位的不同只是影响关节摆动到相同位置的时间不同，但是关节在每个点消耗的能量却几乎是相同的。为了验证该猜想，设定幅值 $A_1=25.7032$、$A_2=45.0787$、$\omega=22$，随后分别取七组相位参数，起始相位为 $\varphi=0°$，步进为 $30°$，分别让其运动在直游、左转、右转模态下，其功率特性分别如图 2.30～图 2.32 所示。从所得数据可以看出，在频率和幅值一定的情况下，每个关节消耗的平均电流和平均功率虽然有一定的差别，但是整体上在各个相位情况下其能量消耗值几乎是相同的。

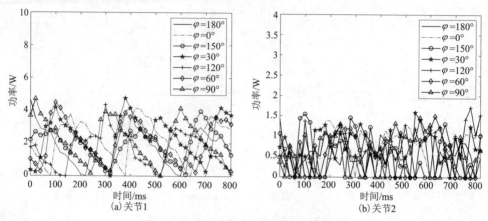

图 2.30　直游模态下功率与相位的关系

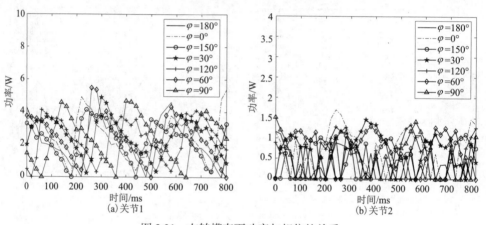

图 2.31　左转模态下功率与相位的关系

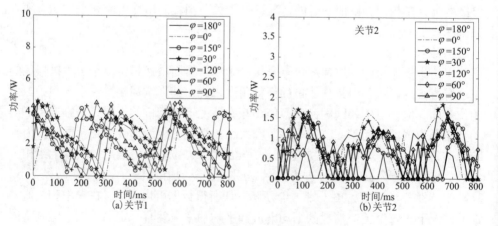

图 2.32　右转模态下功率与相位的关系

本节从 CPG 模型的幅值、频率和相位三个参数出发，探索三个参数分别在仿生机器鲨鱼控制过程中对每个关节能量消耗的影响，最终发现其能量消耗和频率、幅值参数成正相关关系，而相位参数对能量消耗的影响较小。

2.7　小结

本章围绕着具有主动视觉的仿生机器鲨鱼系统，详细地阐述了其机械结构、电控系统及软件系统的设计。在设计中除了主要考虑仿生机器鲨鱼本身的设计外，还着重考虑了主动视觉跟踪系统的需求。本章所设计的仿生机器鲨鱼除了具有主动视觉跟踪系统外，还拥有深度传感器、红外传感器等传感器。其拥有三关节连杆机构的尾部、两自由度的胸鳍，可以实现直游、转弯、上浮、下潜及横滚的动作。本章还详细阐述了仿生机器鲨鱼用于游动控制的仿生 CPG 模型及其仿真。此外，我们通过实验验证了整套仿生机器鲨鱼系统的有效性，并分析了 CPG 模型特征参数对仿生机器鲨鱼游动性能的影响。最后，以两关节仿生机器鲨鱼为研究对象，探究了仿生 CPG 各个参数对每个关节的能量消耗和影响。

参 考 文 献

[1] 孙圣和. 现代传感器发展方向[J].电子测量与仪器学报, 2009, 23（1）: 1-10.

[2] Sun F H, Yu J Z, Zhao P, et al. Tracking control for a biomimetic robotic fish guided by active vision[J]. International Journal of Robotics and Automation, 2016, 31（2）: 137-145.

[3] Yu J Z, Sun F H, Xu D, et al. Embedded vision-guided 3-D tracking control for robotic fish[J]. IEEE Transactions on Industrial Electronics, 2016, 63（1）: 355-363.

[4] Blake R W. Fish Locomotion[M]. Cambridge: CUP Archive, 1983.

[5] Thomson K S, Simanek D E. Body form and locomotion in sharks[J]. American Zoologist, 1977, 17（a）: 343-354.

[6] Mittal R, Dong H, Bozkurttas M, et al. Locomotion with flexible propulsors: II. computational modeling of pectoral fin swimming in sunfish[J]. Bioinspiration & Biomimetics, 2006, 1（4）: S35-S41.

[7] Gottlieb J R, Tangorra J L, Esposito C J, et al. A biologically derived pectoral fin for yaw turn manoeuvers[J]. Applied Bionics and Biomechanics, 2010, 7（1）: 41-55.

[8] Lighthill M J. Large-amplitude elongated-body theory of fish locomotion[J]. Proceedings of the Royal Society of London B: Biological Sciences, 1971, 179（1055）: 125-138.

[9] Lighthill M J. Aquatic animal propulsion of high hydromechanical efficiency[J]. Journal of Fluid Mechanics, 1970, 44（02）: 265-301.

[10] Yu J Z, Chen S F, Wu Z X, et al. On a miniature free-swimming robotic fish with multiple sensors[J]. International Journal of Advanced Robotic Systems, 2016, 13（2）: 62: 1-8.

[11] Wu Z X, Yu J Z, Su Z S, et al. An improved multimodal robotic fish modelled after Esox Lucius[C]. IEEE International Conference on Robotics and Biomimetics, 2013: 516-521.

[12] 陈世峰. 小型智能机器鱼的控制与实现[D]. 北京: 中国科学院大学, 2015.

[13] Labrosse J J, Torres F. μC/OS-III: The Real-time Kernel and the NXP LPC1700[M]. Weston: Micrium Press, 2010.

[14] Chun W J. Core Python 核心编程: 第 2 版[M]. 宋吉广, 译. 北京: 人民邮电出版社, 2008.

[15] 王耀威, 纪志坚, 翟海川. 仿生机器鱼运动控制方法综述[J]. 智能系统学报, 2014, 9(3): 276-284.

[16] 苏宗帅.仿生机器鱼高机动运动控制研究[D]. 北京: 中国科学院研究生院, 2012.

[17] 吴正兴, 喻俊志, 谭民. 两类仿鲹科机器鱼倒游运动控制方法的对比研究[J]. 自动化学报, 2013, 39(12): 2032-2042.

[18] 汪明, 喻俊志, 谭民. 胸鳍推进型机器鱼的 CPG 控制及实现[J]. 机器人, 2010, 32(2): 248-255.

[19] 梁建宏, 王田苗, 魏洪兴, 等. 水下仿生机器鱼的研究进展Ⅱ: 小型实验机器鱼的研制[J]. 机器人, 2002, 24(3): 234-238.

[20] Delcomyn F. Neural basis of rhythmic behavior in animals[J]. Science, 1980, 210(4469): 492-498.

[21] Grillner S, Deliagina T, El Manira A, et al. Neural networks that co-ordinate locomotion and body orientation in lamprey[J]. Trends in Neurosciences, 1995, 18(6): 270-279.

[22] Wang M, Yu J Z, Tan M. CPG-based sensory feedback control for bio-inspired multimodal swimming[J]. International Journal of Advanced Robotic Systems, 2014, 11(10): 1-11.

[23] Wang M, Yu J Z, Tan M. Parameter design for a central pattern generator based locomotion controller[C]. International Conference on Intelligent Robotics and Applications: Springer, 2008: 352-361.

[24] 周超, 曹志强, 王硕, 等. 微小型仿生机器鱼设计与实时路径规划[J]. 自动化学报, 2008, 34(7): 772-777.

[25] Bar-Cohen Y. Biomimetics-using nature to inspire human innovation[J]. Bioinspiration & Biomimetics, 2006, 1(1): 1-12.

[26] Yuan J, Yu J Z, Wu Z X, et al. Precise planar motion measurement of a swimming multi-joint robotic fish[J]. Science China Information Sciences, 2016, 59(9): 92208.

3

仿生机器鱼主动视觉跟踪系统

3.1 引言

与常规水下航行器不同，仿生机器鱼独特的推进方式在运动过程中容易引起头部不断左右晃动，导致固定在头部的摄像头采集到的图像发生严重的退化甚至变形。所谓退化，最直接的感觉就是模糊不清。这种退化给仿生机器鱼采用基于特征或纹理的机器视觉算法带来较多困难。虽然采用合适的运动参数能够一定程度上改善头部的晃动程度[1]，但是，往往会降低仿生机器鱼的运动性能。

人类在行走时身体也会不停晃动，但却感觉不到晃动对视线带来的影响。这是因为人类的眼球非常灵活，能够快速地转动以抵消身体晃动对视线的影响。现有研究根据此原理设计了用于增强人形机器人头部摄像头稳定性的方法[2,3]。甚至还有研究仿照人眼的运动原理设计了具有仿人眼执行机构的仿生眼[4-6]。

仿生机器鱼较小的内部空间，限制了其应用具有复杂执行机构的仿生眼。但是，通过借鉴该思想，可以设计适用于仿生机器鱼的摄像头稳定机构，即仿生机器鱼的视觉稳定系统。为了保证小型化，该视觉稳定系统仅设计了一个沿着偏航方向的旋转自由度。鉴于仿生机器鱼采集图像退化的主要原因是偏航角的变化，故该视觉稳定系统能够最大限度地保证摄像头所采集图像的稳定性。

在视觉稳定系统的基础上，基于所采集到的图像信息，本章又设计了主动视觉跟踪模块。主动视觉跟踪模块控制视觉稳定系统令摄像头主动指向目标物体，减少了丢失目标的可能性，改善了目标跟踪效果。主动视觉跟踪模块和视觉稳定系统一起构成了仿生机器鱼的主动视觉跟踪系统。

3.2 视觉稳定系统设计

3.2.1 问题描述

设有世界坐标系 $Oxyz$。仿生机器鱼游动时，身体沿着 z 轴旋转，且 z 轴穿过鱼体旋转中心。仿生机器鱼游动方向为 x 轴正方向，同时 $Oxyz$ 坐标系为右手系，如图 3.1 所示。由于仿生机器鱼在游动过程中身体会左右晃动，鱼体和 x 轴正方向之间会形成一个夹角，记为 α。同时，因为旋转中心不在相机光心，故可记旋转中心至相机光心的距离为 l。目标物体在 x 轴正半轴上，至原点的距离记为 d，即目标物体和仿生机器鱼鱼体旋转中心间的距离。

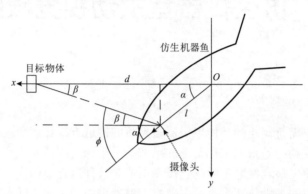

图 3.1　鱼体晃动对摄像头采集图像中目标位置的影响示意图

从图 3.1 中可以看出，光轴与光心至目标物体之间连线的夹角 ϕ 可用式（3.1）表示：

$$\phi = \alpha + \beta = \alpha + \arctan\left(\frac{l \cdot \sin\alpha}{d - l \cdot \cos\alpha}\right) \tag{3.1}$$

假定 $d = 1$，$l = 0.1$，则可以绘出角度 ϕ 和 α 之间的关系，如图 3.2 所示。

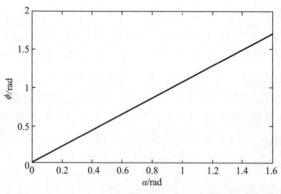

图 3.2　角度 ϕ 和 α 之间关系图

根据图 3.2 容易得到，当 α 越大时，ϕ 就越大。若采用一个关节补偿 ϕ 角，则无论仿生机器鱼身体如何晃动，目标物体都能始终保持在摄像头视野正中央。为了计算 ϕ，需要知道距离 l 和 d。但是，很难获得它们的具体值。由于 d 往往远大

于 l ，因此，式 (3.1) 中，主要成分为 α 。可以仅补偿 α 分量来近似达到补偿 ϕ 的效果。而 α 可以通过 IMU 非常容易测量获得。补偿 α 本质上等同于仿生机器鱼运动时保持摄像头相对于世界坐标系的姿态不变。故保持摄像头采集到的图像稳定就等同于保持摄像头相对世界坐标系的姿态稳定。这就是视觉稳定系统的设计目标。

3.2.2 受控系统建模

本章视觉稳定系统所采用的用于保持摄像头姿态稳定的执行器为直流有刷电机。对于直流有刷电机，若忽略电枢反应、涡流效应、磁滞和温度变化，则电枢回路的电压电流关系表示为

$$L_a \frac{\mathrm{d}i_a}{\mathrm{d}t} + R_a i_a + E_a = u_a \tag{3.2}$$

式中， L_a 为电机的等效电感； R_a 为电机的等效电阻； i_a 和 u_a 分别为回路的电流和电机两端的电压； E_a 为电机转动产生的反向电动势。反向电动势又可以展开成如下形式：

$$E_a = K_e \omega = K_e \frac{\mathrm{d}\theta}{\mathrm{d}t} \tag{3.3}$$

式中， K_e 为电机的转矩系数； ω 为电机的转速； θ 为电机转动的角度。

电机所产生的电磁力矩 M_d 可以表示为

$$M_d = K_m i_a \tag{3.4}$$

式中， K_m 为力矩系数。

理想情况下，云台电机没有变化的负载，故负载力矩可以认为是 0。根据刚体运动力学，容易得到其运动方程：

$$J \frac{\mathrm{d}\omega}{\mathrm{d}t} = J \frac{\mathrm{d}^2\theta}{\mathrm{d}t^2} = M_d \tag{3.5}$$

式中， J 表示旋转部分的转动惯量。

根据式 (3.2) 和式 (3.5) ，可以有如下微分方程：

$$T_a T_m \frac{\mathrm{d}^3\theta}{\mathrm{d}t^3} + T_m \frac{\mathrm{d}^2\theta}{\mathrm{d}t^2} + \frac{\mathrm{d}\theta}{\mathrm{d}t} = \frac{1}{K_e} u_a \tag{3.6}$$

式中， $T_m = \dfrac{R_a J}{K_e K_m}$ ； $T_a = \dfrac{L_a}{R_a}$ 。

根据式 (3.6) 的微分方程得到受控系统的传递函数，即如下形式：

$$\frac{\Theta(s)}{U_a(s)} = \frac{1}{K_e(T_aT_ms^3 + T_ms^2 + s)}$$

$$= \frac{1}{as^3 + bs^2 + cs} \tag{3.7}$$

式中，$\Theta(s)$、$U_a(s)$ 分别是 Θ、U_a 的拉式变换；a、b、c 分别为系统参数，其中，$a = K_eT_aT_m$，$b = K_eT_m$，$c = K_e$。

根据该传递函数可得,受控系统为一个具有三个极点和零个零点的线性系统。

3.2.3 反馈控制器的设计及仿真

为了进行控制器设计及仿真,在已经拥有了受控系统模型传递函数的基础上,还需要知道传递函数中各项系数的具体值, 即需要确定式(3.7)。为了获得系数的值,可以通过测量式(3.7)中的各项物理参数的值,然后通过计算得到各系数的值。但这种方法在实际应用中非常不便,因为许多物理参数不便测量或者测量精度很难保证,如转动惯量 J 和力矩系数 K_m 等。

由于已经知道系统传递函数的形式,就可以采用系统辨识的方法来确定传递函数中各项参数的具体值。而采用系统辨识只需要提供足够数量的输入输出序列,非常简便。同时, 由于系统辨识属于端到端的测量方法, 只要传递函数的形式足够准确, 最终得到的参数和模型会比较准确, 不会有累计误差的问题。借助MATLAB 的系统辨识工具箱, 使用 10 组输入不同的时序数据,对本章的受控系统进行系统辨识, 最终得到受控系统的传递函数如下：

$$\frac{\Theta(s)}{U_a(s)} = \frac{7150.2}{s^3 + 834.95s^2 + 37280s + 0.002\,007} \tag{3.8}$$

正如前面所述, 本控制系统的主要目的是保持摄像头的姿态角稳定不变。这种控制系统本质上是一个伺服系统, 只不过系统输出跟踪的目标不是转角, 而是姿态角。姿态角稳定不变, 意味着该伺服系统的输入为常数,可以将该常数设为0。仿生机器鱼身体的晃动,表现到该控制系统中就是对输出姿态角的扰动。仿生机器鱼使用 CPG 模型输出的信号驱动尾部多连杆机构运动, 而 CPG 模型的输出信号在稳态状态下为正弦信号, 故仿生机器鱼身体的晃动角度变化也会呈现出正弦波的形状。即输出姿态角的扰动信号是一个正弦信号。由此我们可以得出受控系统的系统框图如图 3.3 所示。

为了达到控制该受控系统的目的,可以为控制系统添加一个反馈控制器。本章选用了广泛应用的与模型无关的 PID 控制器。由于该控制系统的动态性能是所要考虑的问题, 故我们没有使用 PID 控制器中的积分部分, 即实际使用的是比例-微分(proportion differential, PD)控制器。同时, 反馈控制器使整个控制系统成为了一个反馈控制系统，其系统框图如图 3.4 所示。

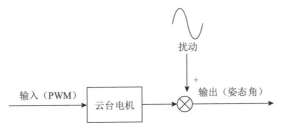

图 3.3　视觉稳定系统受控系统框图

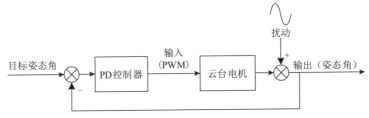

图 3.4　视觉增稳系统反馈控制系统框图

记 PD 控制器的传递函数如下：

$$C(s) = K_d s + K_p \tag{3.9}$$

式中，PD 控制器的 K_p 设为 171.88；K_d 设为 5。扰动信号设置为幅值 60°、频率 1Hz 的正弦信号。通过仿真得到系统稳定后的输出波形如图 3.5 所示。

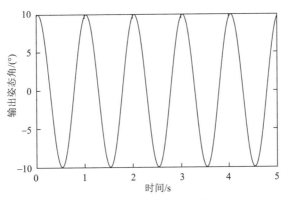

图 3.5　系统输出姿态角仿真图

由于输入信号为正弦函数，而对于一般的线性定常系统，对应的输出会随频率的变化而变化。为此，通过在仿真中输入不同频率的幅值为 60° 的正弦信号，得到如图 3.6 所示的频率响应曲线。

在对物理系统的 PD 控制器进行参数试凑时,发现 K_d 不可设得过大。具体讲,当将 K_d 设为 10 时,物理系统就会出现振荡而无法稳定。而增大 K_p 虽然可以减少扰动对输出的影响,但当输入为阶跃信号时,容易造成输出的超调量较大。为进一步改善控制性能,需要改善控制器结构的设计。

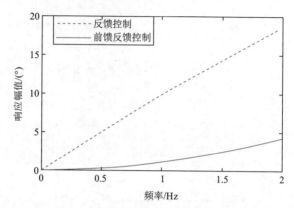

图 3.6 反馈控制系统与前馈反馈控制系统频率响应曲线对比图(仿真)

3.2.4 前馈反馈控制器的设计及仿真

通过在仿生机器鱼上安装一个 IMU 传感器,便可以测量其游动过程中身体姿态角的变化。将 IMU 传感器测得的身体姿态角变化作为前馈信号,通过合理设计前馈控制器输入受控系统以补偿扰动带来的影响。由于控制系统同时具有反馈控制器和前馈控制器,因此称其为前馈反馈控制系统。该控制系统的系统框图如图 3.7 所示。

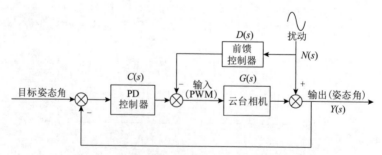

图 3.7 云台增稳系统前馈反馈控制系统框图

按照框图中的标记符号,可以得到扰动到输出的传输函数如下:

$$\frac{Y(s)}{N(s)} = \frac{1 - D(s)G(s)}{1 + C(s)G(s)} \tag{3.10}$$

若想完全抵消扰动带来的影响，可以设定：

$$D(s) = \frac{1}{G(s)} = as^3 + bs^2 + cs \tag{3.11}$$

该式可以使

$$\frac{Y(s)}{N(s)} = 0 \tag{3.12}$$

从而完全移除扰动对输出的影响。

然而，式(3.11)含有微分环节，并且还是三阶微分环节，在物理系统中是无法准确获得微分的。因此，式(3.12)的效果仅存在于理论推导中。我们使用数值近似方法对使用式(3.11)描述的前馈反馈控制器进行了仿真，得出系统输出的结果如图 3.8 所示。

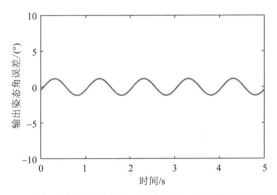

图 3.8　前馈反馈控制系统的系统输出姿态角误差仿真波形图

前馈反馈控制系统的输出幅值同样与扰动的频率相关。前馈反馈控制系统的频率响应已在图 3.6 中给出。从图 3.6 中可以看出，前馈反馈控制器相比于反馈控制器，在同一频率下能够极大限度地降低系统输出幅值，提升系统对扰动的抵抗能力。

3.2.5　实验验证

为了验证所设计控制器在实际系统中的效果，本章设计了一系列实验。

1. 实验平台

为了给视觉稳定系统提供扰动，需要鱼体的姿态角按正弦函数变化。因此，本章设计了一个实验平台以验证控制器的设计效果。该平台的示意图如图 3.9 所示，云台电机安装在一个旋转的舵机上，通过旋转舵机模拟鱼体的摆动。摄像头和云台电机上都装有 IMU，分别用于测量摄像头的姿态角和"身体"的姿态角。图 3.10 为该实验平台的实物图。

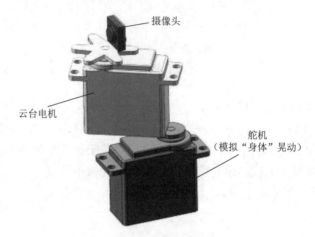

图 3.9　云台增稳系统实验验证平台示意图

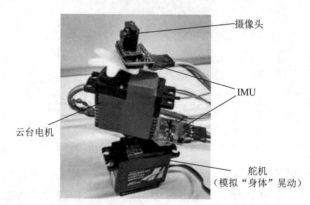

图 3.10　云台增稳系统实验验证平台实物图

2. 连续控制器的离散化

通过控制器设计，得到了控制器的传递函数。但在微控制器中实现这些连续形式的控制器时，需要将其离散化。本章采取后向差分法对控制器进行离散化，其基本近似公式如下：

$$s \approx \frac{z-1}{\mathrm{T}z} \tag{3.13}$$

式中，Tz 表示离散周期。

前馈控制器的传递函数如式(3.11)所示。考虑到仿生机器鱼身体的角速度可以通过 IMU 中的陀螺仪直接测得，而且 $D(s)$ 中也不存在常数项，我们可以直接使用仿生机器鱼身体的角速度作为前馈控制器的输入，从而省去一次微分操作，增加精确度。记以角速度作为输入的前馈控制器的传递函数为 $D_v(s)$ ，其形式表示为

$$D_v(s) = as^2 + bs + c \tag{3.14}$$

采用式(3.13)对式(3.14)进行离散化，得到最终的前馈控制器模型：

$$
\begin{aligned}
D_z(s) &= a\left(\frac{z-1}{Tz}\right)^2 + b\left(\frac{z-1}{Tz}\right) + c \\
&= \frac{cT^2 + bT + a}{T^2} + \frac{-2a - bT}{T^2}z^{-1} + \frac{a}{T^2}z^{-2}
\end{aligned}
\tag{3.15}
$$

若使用 $v(k)$ 表示测得的仿生机器鱼身体的角速度， $u_{ff}(k)$ 表示前馈控制器的输出，则根据式(3.15)可以得到前馈控制器在微控制器中的具体表达形式：

$$u_{ff}(k) = \frac{cT^2 + bT + a}{T^2}v(k) + \frac{-2a - bT}{T^2}v(k-1) + \frac{a}{T^2}v(k-2) \tag{3.16}$$

式(3.8)为通过系统辨识得到的系统传递函数。可以看出，分母的常数项非常小，这和本章所构建的云台电机的模型相吻合，因为模型中分母的常数项为 0。我们可以将式(3.8)中分母的常数项当作是辨识的误差，而用剩余部分作为受控系统真实传递函数的近似。本实验所采用的采样周期为 10ms。综上可得前馈控制器的各项参数，即式(3.15)中的各项位置参数的具体数值如下：

$$
\begin{cases}
a = 1.3896 \times 10^{-4} \\
b = 1.168 \times 10^{-1} \\
c = 5.2183 \\
T = 1 \times 10^{-2}
\end{cases}
\tag{3.17}
$$

同理，已知反馈控制器的传递函数如下：

$$C(s) = K_p + K_d s \tag{3.18}$$

采用式(3.13)对 $C(s)$ 进行离散化：

$$
\begin{aligned}
C(z) &= K_p + K_d \frac{z-1}{Tz} \\
&= \frac{(K_p T + K_d)z - K_d}{Tz} \\
&= \frac{K_p T + K_d}{T} - \frac{K_d}{T}z^{-1}
\end{aligned}
\tag{3.19}
$$

若使用 $e(k)$ 表示输入反馈控制器的跟踪误差， $u_{fb}(k)$ 表示反馈控制器的输出，

则根据式(3.19)可得

$$u_{fb}(k) = \frac{K_p T + K_d}{T} e(k) - \frac{K_d}{T} e(k-1) \tag{3.20}$$

式(3.20)中各项参数的具体数值如下：

$$\begin{cases} K_p = 171.88 \\ K_d = 5 \\ T = 1 \times 10^{-2} \end{cases} \tag{3.21}$$

3. 实验结果

基于式(3.20)和式(3.16)的控制器对实际的云台电机进行控制，同时将扰动信号设为幅值60°、频率1Hz的正弦信号，得到实际受控系统的输出如图3.11和图3.12所示。表3.1给出了反馈控制系统和前馈反馈控制系统在几个频率下的幅值响应。从表3.1和图3.11可以看出，反馈控制系统的实验结果和仿真结果非常接近。这说明了我们所构建的云台电机的模型可以比较好地描述云台电机的系统特性。

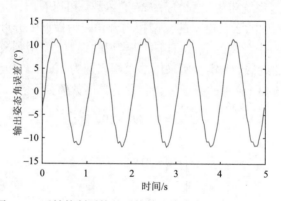

图3.11 反馈控制系统的系统输出姿态角误差实验波形图

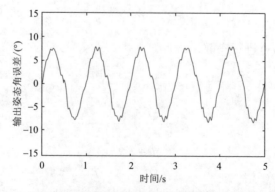

图3.12 前馈反馈控制系统的系统输出姿态角误差实验波形图

表 3.1 反馈控制系统和前馈反馈控制系统在仿真和实验中的幅值响应比较

频率/Hz	输出幅值/(°)			
	反馈控制系统		前馈反馈控制系统	
	仿真	实验	仿真	实验
0.5	5.0297	5.71	0.2973	2.31
0.75	7.4906	8.39	0.6618	4.65
1	9.8901	10.98	1.1593	7.37
1.25	12.2127	13.94	1.7782	12.7

而表 3.1 和图 3.12 中的前馈反馈控制系统的实验结果和仿真结果却有一定的不同，即实验结果的控制效果不及仿真的预期。这可能是因为当云台电机输入较为微小时，系统模型和所构建模型不符；也可能是因为离散化近似的方法没有能很好地近似输入信号的微分所导致。但总体来讲，采用了前馈反馈控制器的效果还是比仅采用反馈控制器的效果要好。两种控制器在实验中的幅值响应比较图可参见图 3.13。

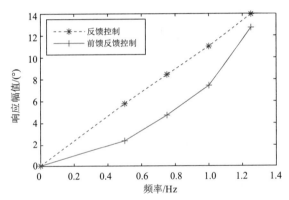

图 3.13 反馈控制器和前馈反馈控制器在实验中的幅值响应曲线

为了直观地说明视觉稳定系统在图像增稳方面的效果，图 3.14 给出了几张由云台相机上的摄像头采集到的图片。图中所有图像均为"身体"以幅值 25°、扰动频率 1Hz 的正弦信号进行摆动时所采集的。摄像头的分辨率为 640×480。图 3.14(a) 为没有视觉稳定系统时采集到的图像，即摄像头随着身体的摆动而摆动时采集到的图像，此时视野的变化为 624 个像素。图 3.14(b) 为采用基于反馈控制器的增稳云台时，摄像头所采集到的图像。在这种情况下，视野的变化降低到了 130 个像素。图 3.14(c) 采用了基于前馈反馈控制器的增稳云台，其视野变化仅有 62 个像素。

根据上述结果可以得出两个结论：①视觉稳定系统可以有效改善摄像头的图像稳定性；②前馈反馈控制器比反馈控制器拥有更好的控制效果。

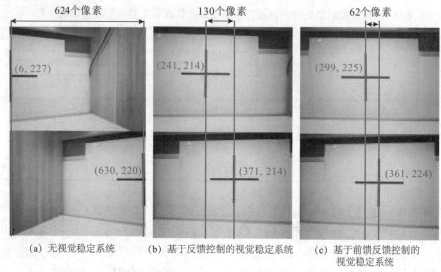

624个像素   130个像素   62个像素

(a) 无视觉稳定系统   (b) 基于反馈控制的视觉稳定系统   (c) 基于前馈反馈控制的视觉稳定系统

图 3.14　不同情况下的视野变化比较(扰动频率为 1Hz、幅值为 25°)

3.3　主动视觉跟踪系统设计

视觉稳定系统使仿生机器鱼的摄像头稳定保持在特定的姿态角附近。通过改变这个特定的姿态角,可以使仿生机器鱼的摄像头在一定的范围内指向任意方向。利用这个特点,我们在使用摄像头采集到的图像对目标进行视觉跟踪时,调节摄像头的朝向使其指向目标物体所在方位,即实现主动视觉跟踪的功能。

3.3.1　视觉跟踪算法简介

视觉跟踪算法是主动视觉跟踪系统中的核心模块之一。鲁棒的单目标视觉跟踪算法是实现较好性能主动视觉跟踪系统的基础。视觉跟踪问题作为计算视觉中一个最基本的问题,非常具有挑战性,也吸引了许多学者提出了不同的算法[7]。视觉跟踪算法根据其原理可以分为很多种类。近年来,基于判别方法的单目标跟踪算法显著地提高了目标跟踪的性能。这类算法包括基于核化的结构化输出(structured output tracking with kernel,Struck)算法[8]、跟踪-学习-检测(tracking-learning-detection,TLD)算法[9]、多示例学习(multiple instance learning,MIL)算法[10]、压缩感知(compressive tracking,CT)算法[11]、核化相关滤波(kernelized correlation filter,KCF)算法[12,13]等。这些跟踪算法的基本思路是将目标跟踪视为一个二值分类问题,通过对目标物体周围进行有限数量的样本选取并将这些样本划分为正负样本用于训练一个分类器，然后再采用该分类器对下一帧图像进行匹配概率评估，概率最高的位置即为所检测到的目标位置。

针对仿生机器鱼的主动视觉跟踪系统，视觉跟踪算法需要较好的准确性和鲁棒性。同时，算法的运行效率也至关重要。一方面，由于所研制的仿生机器鱼系统的运算能力有限，无法运行复杂度过高的算法；另一方面，主动视觉跟踪系统需要使用视觉跟踪算法的结果来控制增稳云台。如果视觉跟踪算法的效率过低，解析一帧图像所用的时间过长，则会为系统引入过大的延迟，增大控制的难度。KCF 算法由于采用了离散傅里叶变换进行加速，其整体的复杂度仅为 $O(n \log n)$，在采用方向梯度直方图（histogram of oriented gridients，HOG）特征作为跟踪特征时，其运行速度可达 172 帧/s，同时平均准确率高达 73.2%[12]，既保证了跟踪准确率，又保证了运行速度，非常适合应用于仿生机器鱼系统。

KCF 算法的核心思想是利用跟踪目标图像所有可能的循环位移来构造大量的样本，并为这些样本赋予合适的匹配度，然后再用这些样本来训练分类器。在下一帧中，利用训练出来的分类器对这一帧图像的子窗口进行匹配度计算，匹配度最高的即为所检测到的目标图像。由于采用了循环位移来构造样本，运算过程中部分矩阵具有循环特性，因此可以使用离散傅里叶变换对其进行对角化以极大地降低存储和计算复杂度。

1. 训练集

为了简单起见，本章此处以一维向量为分析对象。图像本质上为一个二维向量，只需要将一维的方法向二维拓展即可。KCF 仅需要一个基础样本 x，也即跟踪目标图像。x 在此处为一个 $1 \times n$ 的向量。然后，对该样本采用循环位移生成用于训练分类器的样本集。用这些循环位移得到的样本组成一个矩阵 $C(x)$，表示如下：

$$C(x) = \begin{bmatrix} x_0 & x_1 & x_2 & \cdots & x_{n-1} \\ x_{n-1} & x_0 & x_1 & \cdots & x_{n-2} \\ x_{n-2} & x_{n-1} & x_0 & \cdots & x_{n-3} \\ \vdots & \vdots & \vdots & & \vdots \\ x_1 & x_2 & x_3 & \cdots & x_0 \end{bmatrix} \tag{3.22}$$

定义置换矩阵 P 如下：

$$P = \begin{bmatrix} 0 & 0 & \cdots & 0 & 0 & 1 \\ 1 & 0 & \cdots & 0 & 0 & 0 \\ 0 & 1 & \cdots & 0 & 0 & 0 \\ \vdots & \vdots & & \vdots & \vdots & \vdots \\ 0 & 0 & \cdots & 1 & 0 & 0 \\ 0 & 0 & \cdots & 0 & 1 & 0 \end{bmatrix} \tag{3.23}$$

则采用 P 可以将 $C(x)$ 表示为如下形式：

$$
\begin{aligned}
C(x) &= \begin{bmatrix} X_0 & X_1 & \cdots & X_{n-1} \end{bmatrix}^{\mathrm{T}} \\
&= \begin{bmatrix} P^0 x & P^1 x & \cdots & P^{n-1} x \end{bmatrix}^{\mathrm{T}} \\
&= X
\end{aligned}
\tag{3.24}
$$

式中，$\{P^i x | i=0,1,\cdots,n-1\}$ 为训练样本集。

值得注意的是，KCF 算法并不是直接给每个样本赋予一个二值的标签，而是将分类问题当成回归问题来处理。即对每个样本来说，它们的标签是一个连续的数 y_i，y_i 由一个在没有循环位移的样本处值为 1、随着循环位移距离的增加而逐渐变成 0 的高斯函数生成。

2. 训练过程

一个线性分类器可以用公式表示为

$$
f(x) = \langle w, x \rangle + b
\tag{3.25}
$$

式中，w 为权重；b 为偏差向量。

训练分类器的过程就是找到一个 w 以最小化正则化风险，如式(3.26)所示：

$$
\min \sum_{i=0}^{n-1} L(y_i, f(X_i)) + \lambda \|w\|^2
\tag{3.26}
$$

式中，$L(y_i, f(X_i))$ 为损失函数；λ 则控制正则化程度，防止模型过拟合。

使用核技巧[14]，可以将 w 写为

$$
w = \sum_{i=0}^{n-1} \alpha_i \varphi(X_i)
\tag{3.27}
$$

式中，α_i 为样本 X_i 的系数；$\varphi(X_i)$ 为用于将输入映射到高维特征空间的核函数。对于两个样本 x 和 x' 来说，它们在特征空间的相似度可以使用核函数来表示。核函数一般为高斯核函数，如式(3.28)所示：

$$
\begin{aligned}
\langle \varphi(x), \varphi(x') \rangle &= \kappa(x, x') \\
&= e^{-\frac{1}{\sigma^2}(\|x - x'\|)}
\end{aligned}
\tag{3.28}
$$

采用所有的训练样本 $P^i x (i=0,1,\cdots,n-1)$ 可以构建出核矩阵 K。核矩阵中每个元素为 $K_{ij} = \kappa(X_i, X_j)$。根据文献[12]，有

$$
\alpha = (K + \lambda I)^{-1} y
\tag{3.29}
$$

式中，$\alpha = [\alpha_0 \quad \alpha_1 \quad \cdots \quad \alpha_{n-1}]$。对式(3.29)采用傅里叶变换，有

$$\mathcal{F}(\boldsymbol{\alpha}) = \hat{\boldsymbol{a}} = \frac{\mathcal{F}(\boldsymbol{y})}{\mathcal{F}(\boldsymbol{k}^{xx}) + \lambda} \tag{3.30}$$

其中，$\hat{\boldsymbol{a}}$ 为 $\boldsymbol{a}$ 的离散傅里叶变换；$\boldsymbol{k}^{xx}$ 为核矩阵 $\boldsymbol{K}$ 的第一行。

3. 快速检测

记新的一帧图像中的一个待检测样本为 $\boldsymbol{z}$，将其输入所训练的分类器，可得到输出如下：

$$y' = \sum_{i=0}^{n-1} \boldsymbol{\alpha}_i \kappa(\boldsymbol{X}_i, \boldsymbol{z}) \tag{3.31}$$

为了得到该样本区域内所有位置的响应，可以对 $\boldsymbol{z}$ 进行循环位移操作得到待检测样本集。记所有训练样本和所有待检测样本之间的核矩阵为 $\boldsymbol{K}^z$。根据文献[12]，$\boldsymbol{K}^z$ 为循环矩阵，其形式如下：

$$\boldsymbol{K}^z = \kappa(\boldsymbol{P}^{i-1}\boldsymbol{z}, \boldsymbol{P}^{j-1}\boldsymbol{x}) = C(\boldsymbol{k}^{xz}) \tag{3.32}$$

式中，$\boldsymbol{k}^{xz}$ 为 $\boldsymbol{K}^z$ 的第一行。利用 $\boldsymbol{K}^z$ 计算待检测样本集的响应：

$$f(\boldsymbol{z}) = (\boldsymbol{K}^z)^{\mathrm{T}} \boldsymbol{\alpha} \tag{3.33}$$

式 (3.33) 可以采用式 (3.34) 快速计算出来：

$$f(\boldsymbol{z}) = \mathcal{F}^{-1}(\mathcal{F}(\boldsymbol{k}^{xz}) \odot \mathcal{F}(\boldsymbol{\alpha})) \tag{3.34}$$

式中，$\odot$ 是元素相乘符号；$f(\boldsymbol{z})$ 是一个 $n \times 1$ 的向量，其中每个元素即为待检测样本 $\boldsymbol{z}$ 在不同位置的响应。$f(\boldsymbol{z})$ 中值最大的位置即为检测到目标图像的位置。

3.3.2 受控系统建模及分析

假定通过视觉跟踪算法可获得目标物体在每一帧当中的图像坐标。记该目标物体的中心在图像坐标系中的齐次坐标（单位为像素）为 $\boldsymbol{p} = [u \ v \ 1]^{\mathrm{T}}$，则根据相机的内参数模型[15]有

$$\boldsymbol{p} = \frac{1}{z} \boldsymbol{MP} \tag{3.35}$$

式中，$\boldsymbol{P} = [x \ y \ z \ 1]^{\mathrm{T}}$ 表示与 $\boldsymbol{p}$ 点对应的点，即目标物体中心在相机坐标系中的齐次坐标；$\boldsymbol{M} = [\boldsymbol{K}_i \quad \boldsymbol{0}]$，$\boldsymbol{K}_i$ 为相机的内参数矩阵，其定义如下：

$$K_i = \begin{bmatrix} \alpha & -\alpha\cot\theta & c_x \\ 0 & \dfrac{\beta}{\sin\theta} & c_y \\ 0 & 0 & 1 \end{bmatrix} \tag{3.36}$$

其中，θ 为图像坐标系中两坐标轴的夹角；(c_x, c_y) 为图像的中心点坐标；α 和 β 为放大系数，这两个放大系数表示图像坐标系中的一个像素缩放到归一化的像平面上时，所表示的区域大小为 $\dfrac{1}{\alpha} \times \dfrac{1}{\beta}$。

对于绝大多数现代的相机来说，都没有图像坐标系坐标轴不垂直的问题，即 θ 一般为 90°。将式 (3.36) 代入式 (3.35) 中，可得

$$p = \frac{1}{z} \begin{bmatrix} \alpha & 0 & c_x & 0 \\ 0 & \beta & c_y & 0 \\ 0 & 0 & 1 & 0 \end{bmatrix} P \tag{3.37}$$

根据式 (3.37) 可得

$$\begin{cases} u = \alpha\dfrac{x}{y} + c_x \\ v = \beta\dfrac{y}{z} + c_y \end{cases} \tag{3.38}$$

若相机沿着相机坐标系 A 的 y 轴旋转了 ϕ 角，旋转后的相机坐标系记为 B，如图 3.15 所示。

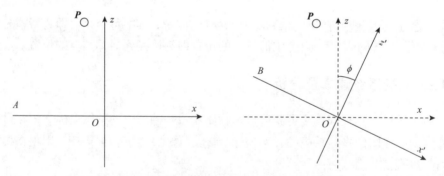

图 3.15　相机旋转前后相机坐标系的变化示意图

容易得到从坐标系 A 变换到坐标系 B 的旋转矩阵如下：

$$_B^A\boldsymbol{R} = \mathrm{Rot}(y, \phi) \tag{3.39}$$

若点 $\boldsymbol{P}$ 在坐标系 A 中的坐标为

$$^A\boldsymbol{P}=[x_0 \quad y_0 \quad z_0]^T \tag{3.40}$$

记其在坐标系 B 中的表示为

$$^B\boldsymbol{P}=[x_0' \quad y_0' \quad z_0']^T \tag{3.41}$$

则根据坐标变换公式有如下关系：

$$^B\boldsymbol{P} = {}_A^B\boldsymbol{R}\,{}^A\boldsymbol{P} = {}_B^A\boldsymbol{R}^{-1}\,{}^A\boldsymbol{P}$$
$$= \begin{bmatrix} x_0\cos\phi - z_0\sin\phi \\ y \\ x_0\sin\phi + z_0\cos\phi \end{bmatrix} \tag{3.42}$$

结合式(3.41)和式(3.42)，可得

$$\begin{cases} x_0' = x_0\cos\phi - z_0\sin\phi \\ z_0' = x_0\sin\phi + z_0\cos\phi \end{cases} \tag{3.43}$$

由于点 $\boldsymbol{P}$ 在坐标系 A 的中央，即其 x 轴方向的坐标为 0，即 $x_0 = 0$，故有

$$\begin{cases} x_0' = -z_0\sin\phi \\ z_0' = z_0\cos\phi \end{cases} \tag{3.44}$$

如果仅考虑 x 轴方向的坐标，则根据式(3.38)、式(3.40)和式(3.44)可有点 $\boldsymbol{P}$ 在坐标系 A 和坐标系 B 中的图像坐标关系如下：

$$\begin{cases} u_0 = \alpha\dfrac{x_0}{z_0} + c_x = c_x \\ u_0' = \alpha\dfrac{x_0'}{z_0'} + c_x = -\alpha\tan\phi + c_x \end{cases} \tag{3.45}$$

根据式(3.45)可以看出，偏航角 ϕ 的变化，引起目标物体在图像坐标系中的变化为 $-\alpha\tan\phi$。即对于摄像头来说，输入偏航角 ϕ，得到的输出为

$$u = -\alpha\tan\phi + c_x \tag{3.46}$$

内参数矩阵可以通过相机校准得到。对于所使用的相机来说，其内参数矩阵为

$$\boldsymbol{K}_i = \begin{bmatrix} 686.77 & 0 & 354.92 \\ 0 & 708.49 & 0 \\ 0 & 0 & 1 \end{bmatrix} \tag{3.47}$$

如果将摄像头定义为一个系统，系统的输入为摄像头偏航角，输出为目标物体在图像中的坐标。该系统可以用图 3.16 所示框图描述。

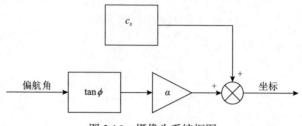

图 3.16　摄像头系统框图

从系统框图中可以看出，摄像头系统为非线性系统。u 的微分如下：

$$\frac{\mathrm{d}u}{\mathrm{d}t} = \alpha \frac{1}{\cos^2 \phi} \tag{3.48}$$

由于输入的偏航角一般都接近 0，即摄像头系统的工作点在 0 附近，故可将摄像头系统线性化近似成如下形式：

$$u \approx \frac{\mathrm{d}u}{\mathrm{d}t}\Big|_{\phi=0} \phi + c_x \tag{3.49}$$

此时，摄像头系统的传递函数为

$$G_l(s) = \alpha \tag{3.50}$$

输入摄像头系统的偏航角是云台增稳系统的输出。将两个系统结合起来即可得受控系统框图，如图 3.17 所示。

图 3.17　整体受控系统框图

由于视觉稳定系统中的前馈控制器并没有在信号 φ 的前向通路上，故根据图 3.7 可得视觉稳定系统的开环传递函数 $G_{so}(s)$ 如下：

$$\begin{aligned}
G_{so}(s) &= (K_p + K_d s)\frac{1}{as^3 + bs^2 + s} \\
&= \frac{K_p + K_d s}{as^3 + bs^2 + s}
\end{aligned} \tag{3.51}$$

视觉稳定系统的闭环传递函数 $G_s(s)$ 如下：

$$G_s(s) = \frac{G_{so}(s)}{1 + G_{so}(s)}$$

$$= \frac{\dfrac{K_p + K_d s}{as^3 + bs^2 + s}}{1 + \dfrac{K_p + K_d s}{as^3 + bs^2 + s}}$$

$$= \frac{K_p + K_d s}{as^3 + bs^2 + (c + K_d)s + K_p} \tag{3.52}$$

3.3.3 控制器设计

若设计一个反馈控制器 $H(s)$ 以控制图 3.17 所示的控制系统，如图 3.18 所示，根据该控制系统框图可得其闭环传递函数如下：

$$\frac{R(s)}{C(s)} = \frac{H(s)G_s(s)G_l(s)}{1 + H(s)G_s(s)G_l(s)} \tag{3.53}$$

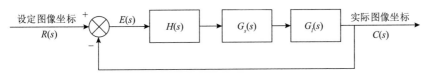

图 3.18　主动视觉系统控制器设计示意图

考虑系统的稳态误差，可得到系统误差的形式如下：

$$E(s) = R(s) - C(s) = \frac{R(s)}{H(s)G_s(s)G_l(s)} \tag{3.54}$$

当系统输入为阶跃信号时，即 $R(s) = \dfrac{1}{s}$，系统的稳态误差可由式(3.55)获得[16]：

$$e_{ss} = \lim_{s \to 0} sE(s)$$

$$= \lim_{s \to 0} s \frac{\dfrac{1}{s}}{\alpha H(s)G(s)}$$

$$= \frac{1}{\alpha \lim\limits_{s \to 0} H(s)G(s)}$$

$$= \frac{1}{\alpha \lim\limits_{s \to 0} H(s) \lim\limits_{s \to 0} \dfrac{K_p + K_d s}{as^3 + bs^2 + (c + K_d)s + K_p}}$$

$$= \frac{1}{\alpha \lim\limits_{s \to 0} H(s)} \tag{3.55}$$

为了使 $e_{ss} = 0$，可以令

$$H(s) = K_i \frac{1}{s} \tag{3.56}$$

此时有

$$e_{ss} = \lim_{s \to 0} \frac{s}{\alpha K_i} = 0 \tag{3.57}$$

从 $H(s)$ 的形式来看，该控制器为积分器，K_i 为积分系数。

实际系统与图 3.18 所示系统有所不同。除了 $G_l(s)$ 是非线性环节外，反馈通路上还有较大的纯时延环节。该纯时延环节主要是由摄像头的采样时间和视觉跟踪算法的处理时间所致。为了防止因该纯时延环节导致的系统不稳定，应采取较为温和的控制策略。对于本章所设计的控制器 $H(s)$ 来说，意味着积分系数 K_i 应为一个较小的值。

将主动视觉跟踪模块和视觉稳定系统结合在一起，就构成了主动视觉跟踪系统。主动视觉跟踪系统整体系统框图如图 3.19 所示。其中，$N_1(s)$ 为仿生机器鱼鱼体摆动为摄像头偏航角带来的扰动，$N_2(s)$ 为目标物体在进行移动时对目标物体在图像中的坐标带来的扰动。假定扰动 $N_1(s)$ 和 $N_2(s)$ 的时域形式如下：

$$n_1(t) = \frac{\pi}{6}\sin(2\pi t), \quad t \in (0,+\infty) \tag{3.58}$$

$$n_2(t) = \begin{cases} 0, & t \in (0,5] \\ 200(t-5), & t \in (5,7] \\ 400, & t \in (7,+\infty) \end{cases} \tag{3.59}$$

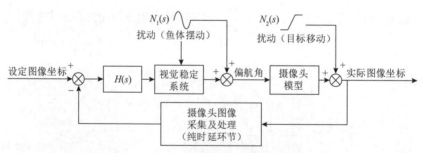

图 3.19　主动视觉跟踪系统整体系统框图

将反馈回路中的纯时延设为 $t_{sl}=0.4\text{s}$，主动视觉控制器 $H(s)$ 中的积分系数设为 $K_i=0.0016$，通过仿真可得系统输出如图 3.20 所示。从图中可以看出，在一个持续时间为 2s、斜率为 200 像素/s 的斜坡信号的扰动下，主动视觉跟踪系统控制器能够保证误差的绝对值 $|e_{ss}|<200$，且最终没有静态误差。这验证了本章所设计

的主动视觉跟踪系统可以有效地跟踪运动的目标物体。

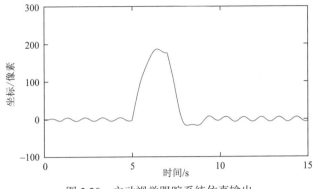

图 3.20 主动视觉跟踪系统仿真输出

3.3.4 实验验证

为了验证所提主动视觉跟踪系统的实际效果，本章设计了一系列实验。

1. 实验环境

用于模拟仿生机器鱼身体摆动及云台增稳系统的实验平台和前面一样，此处不再赘述。为了验证主动视觉跟踪系统跟踪运动目标物体的性能，需要使物体重复同样的移动，即运动的速度、方向和持续时间要保持一致。若使用物理机构来实现目标物体的运动，工程量较大。鉴于实验仅需要目标物体的图像发生运动，本章采用了如图 3.21 所示的实验环境。

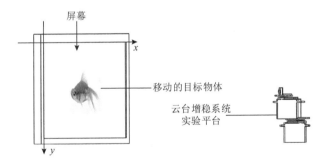

图 3.21 主动视觉跟踪系统实验环境

具体地，摄像头朝向左侧所示的屏幕，屏幕上有一张移动的图片，用以模拟移动的目标物体。屏幕上的物体沿着图中的 x 轴运动。其在摄像头图像坐标系中的坐标以 200 像素/s 的速度移动，持续 2s，用于复现图 3.19 中的 $N_2(s)$ 扰动信号。而 $N_1(s)$ 在本实验中被设为了频率 1Hz、幅值 30°的正弦信号。信号 $N_1(s)$ 和 $N_2(s)$ 之间的相位差不确定，但这并不影响实验结果。

2. 实验结果

在上述实验环境和条件下，主动视觉跟踪系统所输出的跟踪目标在摄像头图像中的坐标变化如图 3.22 所示。根据图 3.22 可得，目标物体的坐标误差最大值为 230 像素，与仿真中的 186 像素十分接近。此外，系统从开始被添加扰动到回到稳定状态经历了 4s 时间，该数据和仿真一致。

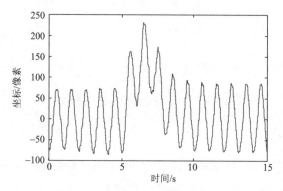

图 3.22　主动视觉跟踪系统实验目标物体坐标变化图

在实验过程中采集到的图像序列如图 3.23 所示。可见，图像的退化程度不高，令 KCF 算法可以稳定地跟踪目标物体。在整个实验过程中，目标物体始终没有离开摄像头的视野范围。根据上述结果可得，本章所设计的主动视觉跟踪系统可以在仿生机器鱼身体摆动的情况下很好地跟踪移动目标。

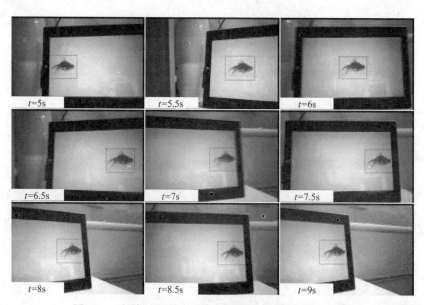

图 3.23　主动视觉跟踪系统实验摄像头采集图像序列图

3.4 小结

本章从仿生机器鱼头部摄像头的图像稳定出发，设计了图像增稳机构。通过对图像增稳机构进行建模，并借助系统辨识技术，获得了图像增稳机构的系统模型。根据视觉稳定系统的控制需求，设计了合理的传感器方案。同时，结合图像增稳机构的模型，基于前馈反馈控制结构，设计了具有较优控制性能的视觉稳定系统控制器。在视觉稳定系统的基础上，结合视觉跟踪技术及摄像头模型，设计了主动视觉跟踪模块。将主动视觉跟踪模块和视觉稳定系统结合在一起，构成了本章的主动视觉跟踪系统。该系统在稳定图像的基础上，保证了视觉跟踪算法的稳定性。仿生机器鱼能够在身体左右摆动的情况下控制摄像头稳定地朝向跟踪目标，实现主动视觉跟踪功能。主动视觉跟踪系统使仿生机器鱼在运动时能够稳定地跟踪目标物体，确定目标物体方位，为后续基于强化学习的仿生机器鱼目标跟随控制奠定了基础。

参 考 文 献

[1] 孙飞虎, 喻俊志, 徐德. 具有嵌入式视觉的仿生机器鱼头部的平稳性控制[J]. 机器人, 2015, 37(2): 188-195.

[2] Falotico E, Berthoz A, Dario P, et al. A bio-inspired model of head stabilization implemented in a humanoid platform[C]. The Third Conference of the Italian National Group of Bioengineering, 2012: 1-2.

[3] Falotico E, Cauli N, Hashimoto K, et al. Head stabilization based on a feedback error learning in a humanoid robot[C]. IEEE International Symposium on Robot and Human Interactive Communication, 2012: 449-454.

[4] Li H, Luo J, Huang C, et al. Design and control of 3-dof spherical parallel mechanism robot eyes inspired by the binocular vestibule-ocular reflex[J]. Journal of Intelligent and Robotic Systems, 2015, 78(3-4): 425-441.

[5] Lee Y C, Lan C C, Chu C Y, et al. A pan-tilt orienting mechanism with parallel axes of flexural actuation[J]. IEEE/ASME Transactions on Mechatronics, 2013, 18(3): 1100-1112.

[6] Wang X Y, Zhang Y, Fu X J, et al. Design and kinematic analysis of a novel humanoid robot eye using pneumatic artificial muscles[J]. Journal of Bionic Engineering, 2008, 5(3): 264-270.

[7] Smeulders A W, Chu D M, Cucchiara R, et al. Visual tracking: an experimental survey[J]. IEEE Transactions on Pattern Analysis and Machine Intelligence, 2014, 36(7): 1442-1468.

[8] Hare S, Golodetz S, Saffari A, et al. Struck: structured output tracking with kernels[J]. IEEE Transactions on Patter Analysis and Machine Intelligence, 2016, 38(10): 2096-2109.

[9] Kalal Z, Mikolajczyk K, Matas J. Tracking-learning-detection[J]. IEEE Transactions on Pattern Analysis and Machine Intelligence, 2012, 34(7): 1409-1422.

[10] Babenko B, Yang M H, Belongie S. Robust object tracking with online multiple instance learning[J]. IEEE Transactions on Pattern Analysis and Machine Intelligence, 2011, 33(8): 1619-1632.

[11] Zhang K H, Zhang L, Yang M H. Real-time compressive tracking[C]. European Conference on Computer Vision, 2012: 864-877.

[12] Henriques J F, Caseiro R, Martins P, et al. High-speed tracking with kernelized correlation filters[J]. IEEE

Transactions on Pattern Analysis and Machine Intelligence, 2015, 37(3): 583-596.

[13] Henriques J F, Caseiro R, Martins P, et al. Exploiting the circulant structure of tracking-by-detection with kernels[C]. European Conference on Computer Vision, 2012: 702-715.

[14] Scholkopf B, Smola A J. Learning with Kernels: Support Vector Machines, Regularization, Optimization, and Beyond[M]. Cambridge: MIT Press, 2001.

[15] Forsyth D A, Ponce J. Computer Vision: A Modern Approach[M]. New York: Person Education Inc., 2003.

[16] 胡寿松. 自动控制原理[M]. 北京: 科学出版社, 2001.

4

基于强化学习的仿生机器鱼
目标跟随控制

4.1 引言

生物运动控制系统是复杂的非线性耦合系统，包含神经和机械的前馈和反馈机制[1-4]。面对如此复杂的非线性系统，鱼类却能在水下精确地完成一系列动作，依靠的是全身密布的肌肉和复杂的神经系统。鱼类从出生起，就开始学习如何控制自己的身体，通过不断尝试，慢慢地学会了在各种复杂环境下的游动技巧。

学习，是人类智能的主要内涵，也是人类获取知识的主要手段。学习理论在数学和工程领域的推广促进了机器学习技术的诞生。机器学习以知识的自动获取和产生为研究目标，是人工智能的核心问题之一[5,6]。机器学习按照与环境的交互特性分为监督学习、非监督学习和强化学习三大类。监督学习和非监督学习的区别在于是否有期望输出信号。而强化学习与前两者又非常不同，强化学习强调与环境进行交互从而达到知识获取的目的。强化学习本质上是一种试错学习，通过向环境输出不同的信号，观察环境的响应，从而不断朝回报最高方向约束自身的行为。从仿生学角度讲，强化学习更贴近生物学习的方式；从控制角度讲，强化学习和环境交互的特性也使其比监督学习和非监督学习更加适用于控制系统。

与传统水下机器人相比，仿生机器鱼的水动力学特性尚未完全精准表达，建模异常复杂和困难。此外，水下环境变化多端，难以预测，采用传统的控制方法很难对无模型且环境易变的仿生机器鱼进行运动控制。采用强化学习对仿生机器鱼进行控制，一来利用与模型无关的强化学习方法能够免去对仿生机器鱼进行复杂的水动力学建模，二来利用强化学习自我演进的特性，能够让仿生机器鱼在运动过程中逐渐适应所处环境的变化，从而使仿生机器鱼能够工作在多种未知的复杂环境中。

总体来讲，采用强化学习方法进行仿生机器鱼的运动控制是一种合适的选择。

但是，作为一种新型的智能化控制方法，相比于成熟的传统控制方法，必然会有诸多问题需要解决。本章所阐述的就是针对仿生机器鱼目标跟随问题，如何合理有效地运用强化学习方法进行控制。

4.2　强化学习基础

4.2.1　基本概念

强化学习属于机器学习的一种，其特点是没有监督信号，仅有回报信号作为反馈，同时回报是有延迟的，且针对的是时序相关的数据[7]。用一个简单的框图来描述强化学习，如图 4.1 所示。强化学习中两个主要的对象为智能体和环境。智能体是强化学习需要训练的主体。智能体通过根据当前的状态 O_t，执行一定的动作 A_t，通过观察回报 R_t 来评判动作的好坏从而学习未知环境的特性。

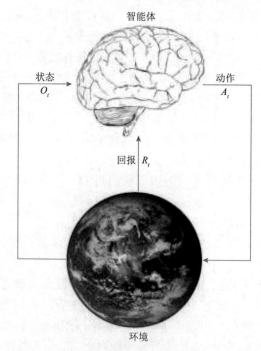

图 4.1　强化学习基本框架

强化学习的一个基本假设是系统整体为一个马尔可夫决策过程（Markov decision process，MDP)[8,9]。所谓马尔可夫决策过程，即系统的下个状态仅由当前的状态和当前所采取的动作有关。用数学表示如下。

定义 4.1 马尔可夫决策过程为一个五元组 $<\mathcal{S},\mathcal{A},\boldsymbol{P},\mathcal{R},\gamma>$ ，其含义如下：

• $\mathcal{S}$ 为有限状态的集合。

• $\mathcal{A}$ 为有限动作的集合。

• $\boldsymbol{P}$ 为状态转移概率矩阵，表示在状态 s 下执行动作 a 转移到状态 s' 的概率，其形式为

$$\boldsymbol{P}_{ss'}^a = P\big[S_{t+1} = s' \mid S_t = s, A_t = a\big] \tag{4.1}$$

• $\mathcal{R}$ 为回报函数，其代表在状态 s 下执行动作 a 所可能获得的所有回报的期望，其形式如下：

$$\mathcal{R}_s^a = E[R_{t+1} \mid S_t = s, A_t = a] \tag{4.2}$$

• γ 为递减因数，用以描述长期回报 G_t 的衰减率，其取值范围为 $\gamma \in [0,1]$ 。

强化学习中用于评价一个状态或者一个动作的好坏不是靠即时回报，而是依靠长期回报，长期回报 G_t 的定义如下：

$$G_t = R_t + \gamma R_{t+1} + \gamma^2 R_{t+2} + \cdots \tag{4.3}$$

基于长期回报，又定义了值函数。值函数分为状态值函数和动作值函数。状态值函数 $v_\pi(s)$ 即为在策略 π 下，从状态 s 出发，所可能获得长期回报的期望，其数学表达形式如下：

$$v_\pi(s) = E_\pi[G_t \mid S_t = s] \tag{4.4}$$

动作值函数 $q_\pi(s,a)$ 为状态值函数的拓展，描述的是在状态 s 下，采取动作 a ，所可能获得长期回报的期望，其数学表示形式如下：

$$q_\pi(s,a) = E_\pi[G_t \mid S_t = s, A_t = a] \tag{4.5}$$

状态值函数和动作值函数满足式(4.6)和式(4.7)，即贝尔曼期望方程：

$$v_\pi(s) = E_\pi[R_{t+1} + \gamma v_\pi(S_{t+1})] \tag{4.6}$$

$$v_\pi(s) = E_\pi[R_{t+1} + \gamma v_\pi(S_{t+1})] \tag{4.7}$$

4.2.2　Q 学习算法

Q 学习算法是一种用于求解 MDP 最优值和最优策略的算法[10,11]。式(4.5)给出了动作值函数的定义。由于环境模型是未知的，所以无法直接求得动作值函数。Q 学习算法提出了一种通过迭代计算近似求得动作值函数的方法。在 Q 学习算法中，将动作值函数记为 Q 函数，用 $Q(s,a)$ 表示。Q 学习算法通过式(4.8)更新 Q

函数：

$$Q(S_t, A_t) \leftarrow Q(S_t, A_t) + \alpha(R_{t+1} + \gamma Q(S_{t+1}, A') - Q(S_t, A_t)) \qquad (4.8)$$

式中，

- $A_{t+1} \sim \mu(\cdot \mid S_t)$，$\mu(\cdot \mid S_t)$ 表示在状态 S_t 下，实际执行的动作。
- $A' \sim \pi(\cdot \mid S_t)$，$\pi(\cdot \mid S_t)$ 表示在状态 S_t 下，按照策略 π 所应该选择的动作。

从上述描述可知，Q 学习算法为离策略强化学习算法，即所执行的动作和策略与所选择的动作不一致。在 Q 学习算法中，策略 μ 和策略 π 具体采用如下形式：

（1）策略 π 采用贪心策略，即选取当前状态下 Q 函数最大的动作作为下一步动作：

$$\pi(S_{t+1}) = \arg\max_{a'} Q(S_{t+1}, a') \qquad (4.9)$$

（2）策略 μ 采用 ϵ 贪心策略，即以概率 $1 - \epsilon$ 采用和 π 一致的贪心策略，以概率 ϵ 选取随机动作作为下一步动作。

按照以上描述，Q 学习算法可以简化如下：

$$Q(S_t, A_t) \leftarrow Q(S_t, A_t) + \alpha(R_{t+1} + \gamma \max_{a'} Q(S_{t+1}, a') - Q(S_t, A_t)) \qquad (4.10)$$

上述的 Q 学习算法均是针对状态空间为离散的问题。若状态空间为连续的，则按照常规的 Q 学习算法，可以使用线性近似方法对 Q 函数进行拟合；若使用非线性近似方法，则一般无法保证 Q 学习算法的收敛性。

4.3 深度 Q 学习算法

由于只能采用线性近似方法对 Q 函数进行拟合，对连续状态空间的问题采用 Q 学习算法效果不佳。而神经网络作为一种非线性拟合方法拥有非常好的拟合效果。近年来，深度神经网络的应用为计算机视觉[12-14]和语音识别[15,16]领域带来了突破性的进展。但是，若想要在 Q 学习算法中使用神经网络，首先需要解决的一个问题就是算法的收敛性。

文献[17]和[18]给出了一种在 Q 学习中应用深度神经网络的算法，并将算法命名为深度 Q 学习算法。深度 Q 学习算法的目标就是找到一个合适的权重 θ，在每一次迭代中令如下的损失函数最小：

$$L_i(\theta_i) = E_{s,a \in \rho(\cdot)}[(y_i - Q(s, a; \theta_i))^2]$$
$$y_i = E_{s' \in \varepsilon}[r + \gamma \max_{a'} Q(s', a'; \theta_{i-1})] \qquad (4.11)$$

式中，y_i 为深度 Q 网络（deep Q-network，DQN）需要拟合的目标函数，其计算依据和 Q 学习算法类似；$\rho(s,a)$ 为状态 s 和动作 a 所服从的分布，也称表现分布；ε 为状态 s 下所有后继状态的集合。有了损失函数 $L_i(\theta_i)$，就可以采用随机梯度下降法对深度 Q 网络进行训练。

为了保证强化学习算法的收敛性，深度 Q 学习算法采用了如下两个技巧。

(1)经验回放技术：对于每一次执行动作所获得的转换数据 $<s,a,r,s'>$，并不直接使用其对深度 Q 网络进行训练，而是将其放入经验回放池。每执行一次动作，便从经验回放池中取出一小批的转换数据，并使用其训练深度 Q 网络。经验回放技术的使用消除了输入神经网络中样本间的相关性，从而避免了强化学习算法不收敛的问题。

(2)目标网络技术：设置一个目标网络 $Q(s,a;\theta_i')$，采用经验回放技术对目标网络 $Q(s,a;\theta_i')$ 进行训练，使用 $Q(s,a;\theta_i)$ 来计算 y_i。然后每隔一定的周期使用 $Q(s,a;\theta_i')$ 来更新 $Q(s,a;\theta_i)$，在此期间，$Q(s,a;\theta_i)$ 保持不变。目标网络技术防止了参数反复变化导致的算法发散问题，拓展了深度 Q 学习算法的应用范围。

值得注意的是，在深度 Q 学习算法中，状态空间虽然是连续的，但动作空间仍是离散的。

深度 Q 学习算法已经能够比较好地解决状态空间连续、动作空间离散的问题，但是难以解决动作空间连续的问题。对于动作空间连续的问题，采用策略梯度下降算法是一个可行的选择[19]。

Silver 等[20]提出了确定策略梯度(deterministic policy gradient，DPG)算法，该算法是一种 Actor-Critic 架构的强化学习算法[21]。DPG 算法定义了一个 Actor 函数 $\mu(s|\theta^\mu)$，同时以 Q 函数 $Q(s,a|\theta^Q)$ 为 Critic 函数。在学习过程中，Q 函数以 Q 学习算法的方式进行更新。记当前状态分布 ρ^π 下回报的期望为 J，将其对 θ^μ 求导有

$$\nabla_{\theta^\mu}J \approx E_{s_t\in\rho^\pi}[\nabla_{\theta^\mu}Q(s,a|\theta^Q)|_{s=s_t,a=\mu(s_t|\theta^\mu)}]$$
$$= E_{s_t\in\rho^\pi}[\nabla_a Q(s,a|\theta^Q)|_{s=s_t,a=\mu(s_t)}\nabla_{\theta^\mu}\mu(s_t|\theta^\mu)|_{s=s_t}] \quad (4.12)$$

Sliver 等[20]证明了该式就是策略梯度，即 Actor 函数 $\mu(s|\theta^\mu)$ 应该更新的方向。

Lillicrap 等[22]在 DPG 算法的基础上，提出了深度确定策略梯度(deep deterministic policy gradient，DDPG)算法。该算法采用了 DPG 算法的基本架构，但采用两个深度神经网络来代替 Critic 函数 $Q(s,a|\theta^Q)$ 和 Actor 函数 $\mu(s|\theta^\mu)$。此外还采用了一些其他的技巧来保证算法的收敛性：

(1)经验回放技术：同深度 Q 学习算法。

(2)目标网络技术：与深度 Q 学习算法类似，但由于 DDPG 算法中有 Actor 和 Critic 两个网络，故目标网络也有两个。此外，目标网络的更新方式也与深度

Q 学习算法有所不同，DDPG 算法采用了渐进更新的方式。假设 θ 为学习到的网络参数，θ' 为当前正在使用的目标网络参数，则按照公式 $\theta' \leftarrow \delta\theta + (1-\delta)\theta'$ 令 θ' 逐渐跟踪到 θ。

DDPG 算法在利用了深度神经网络良好的拟合能力的同时，保证了强化学习算法的收敛性，非常适用于状态空间和动作空间都是连续空间的问题。

4.4 强化学习算法设计

鉴于 DDPG 算法能够适用于状态空间和动作空间都是连续空间的问题，且算法性能优异，非常适合于仿生机器鱼目标追踪控制问题。故本章选用了 DDPG 算法作为强化学习控制器的强化学习算法。DDPG 算法的基本描述如算法 4.1 所示。

算法 4.1 DDPG 算法

随机初始化 Critic 网络 $Q(s,a\,|\,\theta^{Q})$ 和 Actor 网络 $\mu(s\,|\,\theta^{\mu})$ 的权重 θ^{Q} 和 θ^{μ}。

使用 θ^{Q} 和 θ^{μ} 初始化两个目标网络的权重 $\theta^{Q'}$ 和 $\theta^{\mu'}$：$\theta^{Q'} \leftarrow \theta^{Q}$，$\theta^{\mu'} \leftarrow \theta^{\mu}$。

初始化经验回放池 R。

for episode=1 to M **do**

> 初始化一个用于探索动作空间的随机过程 $\mathcal{N}$。
>
> 初始化系统，获得初始状态 s_1。
>
> **for** $t=1$ **to** T **do**
>
>> 根据当前训练得到的策略，选择一个带有噪声的动作 $a_t = \mu(s_t\,|\,\theta^{\mu}) + \mathcal{N}_t$。
>>
>> 执行动作 a_t，并得到回报 r_t 和新的状态 s_{t+1}。
>>
>> 将本次状态转换数据 $<s_t, a_t, r_t, s_{t+1}>$ 存储到经验回放池 R 中。
>>
>> 从经验回放池 R 中取出一批大小为 N 的记录 $<s_i, a_i, r_i, s_{i+1}>$。
>>
>> 令 $y_i = r_i + \gamma Q'(s_{i+1}, \mu'(s_{i+1}\,|\,\theta^{\mu'})\,|\,\theta^{Q'})$。
>>
>> 根据损失函数 $L = \dfrac{1}{N}\sum_i (y_i - Q(s_i, a_i\,|\,\theta^{Q}))^2$ 更新 Critic 网络。
>>
>> 根据确定性策略梯度公式更新 Actor 网络：
>>
>> $$\nabla_{\theta^{\mu}} J \approx \frac{1}{N}\sum_i \nabla_a Q(s,a\,|\,\theta^{Q})|_{s=s_i, a=\mu(s_i)} \nabla_{\theta^{\mu}}\mu(s\,|\,\theta^{\mu})\,|\,s_i$$
>>
>> 更新目标网络：
>>
>> $$\theta^{Q'} \leftarrow \delta^{Q}\theta^{Q} + (1-\delta^{Q})\theta^{Q'}$$
>> $$\theta^{\mu'} \leftarrow \delta^{\mu}\theta^{\mu} + (1-\delta^{\mu})\theta^{\mu'}$$
>
> **end for**

end for

针对具体问题，采用 DDPG 算法时，需要对环境进行一定的分析，选择状态变量并设计回报函数以达到预期的学习效果。

4.4.1 问题描述

第 3 章给出了仿生机器鱼主动视觉跟踪系统的设计。在主动视觉跟踪系统的帮助下，仿生机器鱼的云台会主动旋转摄像机以使其指向目标物体。根据云台当前的状态和所采集到的图像可以推断出目标物体和鱼体之间的相对方位关系，如图 4.2 所示。

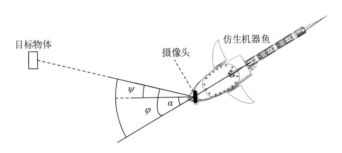

图 4.2　目标物体与仿生机器鱼鱼体之间的相对方位关系示意图

主动视觉跟踪系统会驱动云台旋转摄像头以指向目标物体，使云台与仿生机器鱼鱼体的纵向轴形成一个角度 α，该角度可通过安装于云台旋转轴中的角度传感器测量得到。但由于主动视觉跟踪系统无法保证任何时刻摄像头都精准地指向目标物体，故目标物体与摄像头光心的连线和摄像头光轴之间会形成角度 φ，该角度可通过图像坐标位置计算得到。而目标物体与鱼体的连线和鱼体纵向轴之间的夹角则为 φ，由图 4.2 可知 $\varphi = \alpha + \psi$。若想使鱼体朝着目标物体移动，只需令 φ 尽量小即可。

通过调节 CPG 模型的偏置率 β 可以改变仿生机器鱼的偏航角 γ。若 $\Delta\gamma = -\Delta\varphi$，则可以使鱼体正对着目标物体。当然，仿生机器鱼在调整偏航角时不可避免地会产生位移，而位移也会影响 φ 值。但是，由于仿生机器鱼距离目标物体较远，位移对 φ 的影响可以忽略不计。综上所述，我们可以通过调节仿生机器鱼 CPG 模型的偏置率 β 来调节偏航角 γ 从而使仿生机器鱼游向目标物体。

一般而言，可以采用式(4.13)对水下航行器进行建模：

$$M\dot{v} + (C(v) + D(v))v + g(\eta) = \tau \tag{4.13}$$

式中，M 为刚体的惯性矩阵；$\eta = [x\ y\ z\ \psi\ \theta\ \varphi]$ 为惯性坐标系中的位置和旋转向量；$v = [u\ v\ w\ p\ q\ r]$ 为体坐标系中的线速度和角速度向量；C 为科里奥利力系数矩阵；D 为阻力系数矩阵；g 为浮力和重力的合力向量；τ 为驱动力向量。

由于我们仅关心仿生机器鱼的偏航角变化，故根据式(4.13)可得偏航角的微分方程如下：

$$a\ddot{\gamma} + b\dot{\gamma} = \tau_y \tag{4.14}$$

为简化起见，式(4.13)将 C 和 D 视为常数矩阵。又由于偏航方向没有重力和浮力作用，故 g 在偏航方向的分量为 0，于是有式(4.14)所示的微分方程形式。仿生机器鱼的可控变量为偏置率 β，而偏置率和力矩 τ_y 之间的关系一般为非线性的。为简化处理，将它们之间的关系视为近似线性的，即

$$\tau \approx \kappa\beta \tag{4.15}$$

式中，κ 为简化后的系数。于是式(4.14)可以写成如下形式：

$$\beta = \frac{a}{\kappa}\ddot{\gamma} + \frac{b}{\kappa}\dot{\gamma} \tag{4.16}$$

进一步改写为

$$\beta = p\ddot{\gamma} + q\dot{\gamma} \tag{4.17}$$

式中，p、q 为系数，$p = \dfrac{a}{\kappa}$，$q = \dfrac{b}{\kappa}$。

由此可知，从偏置率 β 到偏航角 γ 的传递函数为

$$\frac{\Gamma(s)}{B(s)} = \frac{1}{ps^2 + qs} \tag{4.18}$$

4.4.2　状态向量和动作向量的选取

由式(4.18)可以看出，系统为二阶系统，将其改写成状态方程形式：

$$\begin{cases} \dfrac{\mathrm{d}\gamma}{\mathrm{d}t} = \dot{\gamma} \\ \dfrac{\mathrm{d}\dot{\gamma}}{\mathrm{d}t} = \dfrac{\beta}{p} - \dfrac{q}{p}\dot{\gamma} \end{cases} \tag{4.19}$$

即系统状态可由二维向量 $(\gamma, \dot{\gamma})$ 完全描述，而系统下一时刻的状态仅由 γ、$\dot{\gamma}$ 和 β 决定。故选择 $(\gamma, \dot{\gamma})$ 作为状态向量可以保证强化学习对象为马尔可夫决策过程。

动作向量可以直接使用 (β)，因为在式(4.19)所示的状态方程中，β 为唯一的输入变量。DDPG 算法对输出值进行了归一化，故输出向量中每一维的取值范围均为[0,1]，若使用 (β) 作为输出向量，则最大的偏置率为 1。在实际应用中，偏置率越大，具有视觉稳定功能的偏置率 β 和力矩 τ 之间就越呈现出非线性关系。为

了保证式 (4.15) 成立，β 不应取过大的值。为了限制 DDPG 算法输出的大小，设定一个变量 β'，令

$$\beta = k_\beta \beta' \tag{4.20}$$

式中，k_β 为缩小比率，取值范围为 [0,1]。设定 DDPG 算法的输出为向量 (β')，则 β 的取值范围就被限定在了 $(0, k_\beta)$ 内，从而保证了偏置率和力矩之间的近似线性关系。

4.4.3 回报函数的设计

长期回报是强化学习所需要优化的目标。由于长期回报具有反向传递性，故对于强化学习算法来说，短期回报未必需要能够立即体现当前动作所带来的价值。事实上，很多强化学习算法仅以二值函数作为回报函数，也能够得到较好的优化效果。

但在实践中发现，采用二值函数将会使强化学习算法收敛的时间大为增加，甚至令强化学习算法无法收敛。为此，还是需要设计一个具有启发意义的回报函数。最简单的想法就是利用当前的跟踪误差作为回报函数，即跟踪误差越大，回报值越低：

$$r_\gamma = \begin{cases} \dfrac{2 - |\gamma|}{2}, & \text{若 } |\gamma| \leqslant 2 \\ 0, & \text{其他} \end{cases} \tag{4.21}$$

当直接使用跟踪误差作为回报函数时，容易令系统呈现一定的超调量，而且系统输出容易振荡，如图 4.3 所示。

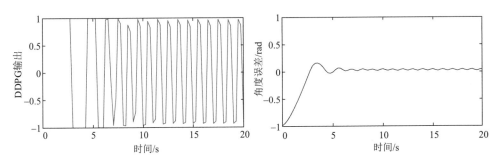

图 4.3 直接使用跟踪误差作为回报时，系统输出振荡的现象

为了解决振荡问题并且令系统尽量不要超调，考虑将角速度也纳入回报函数中。针对角速度，本系统并非想要令角速度在任何情况下都比较小。相反，在跟踪误差较大时，较大的角速度还能缩短上升时间。在跟踪误差较小时，较小的角速度能够使超调量变小，状态过渡更加平滑，也抑制了系统输出振荡现象的发生。为此，我们将角速度的回报函数设定为一个分段函数，如式 (4.22) 所示：

$$r_{\dot{\gamma}} = \begin{cases} 1 - |\dot{\gamma}|, & \text{若} |\dot{\gamma}| \le 1 \text{且} |\gamma| \le 0.1 \\ 0, & \text{其他} \end{cases} \tag{4.22}$$

将角度的回报函数和角速度的回报函数按照一定的权重比例相加即可得到最终的回报函数 r：

$$r = \frac{w_{\gamma} r_{\gamma} + w_{\dot{\gamma}} r_{\dot{\gamma}}}{w_{\gamma} + w_{\dot{\gamma}}} \tag{4.23}$$

权重的目的是平衡不同衡量标准之间的重要程度。在本章，两个权重参数分别设为 $w_{\gamma} = 2$ 和 $w_{\dot{\gamma}} = 1$。此外，还应注意式(4.21)~式(4.23)均刻意保持了回报函数的取值范围为[0,1]，这是因为归一化的回报函数能够在无须修改超参数的情况下最大限度地保证 DDPG 算法的收敛性。

我们将系统的终止条件设为 $|\gamma| > 2$，当系统进入终止状态时，回报函数设为固定值−10。

4.5 仿真实验及分析

4.5.1 理想情况下 DDPG 算法的性能实验仿真

为了验证 DDPG 算法的有效性，采用式(4.18)作为受控系统的传递函数，其中参数 $p = 1, q = 1.25$。采用式(4.23)作为回报函数，向量 $(\gamma, \dot{\gamma})$ 作为状态向量，向量 (β') 作为动作向量进行了算法的仿真，其中参数 $k_{\beta} = 0.5$。在仿真中，DDPG 算法的网络结构和超参数与文献[22]中保持一致。仿真的控制周期为 0.25s，仿真的最大步数为 200 步。图 4.4 给出了该仿真系统的结构示意图。

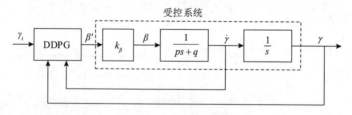

图 4.4　强化学习仿真系统结构示意图

训练过程中一幕(即一个 episode)的回报总和随训练步数变化如图 4.5 所示。从图中可以看出，在 10 000 步之前，回报总和几乎没有改变，一直在较低值附近。这是因为在 DDPG 算法的具体实现中，对 Q 网络进行了预热，预热的步数就是 10 000 步。所谓预热即在训练网络起始的一段时间里，仅训练 Critic 网络而不训练 Actor 网络。在 Critic 网络训练到一定程度之后，再开始训练 Actor 网络。对 DDPG 算法的网络进行预热，可以在 Critic 网络对系统特性没有比较好的估计之前避免对 Actor 网络进行随机错误的训练，从而加快算法的收敛速度。从图 4.5 中可以看出，算法在 20 000 步左右便收敛到了最优解，即系统运行了 100 次便找到了最优解，收敛速度较快。

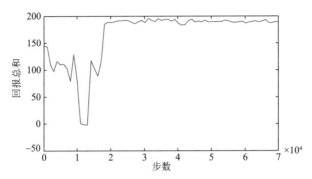

图 4.5　一幕的回报总和随训练步数变化曲线图

图 4.6 给出了在 DDPG 控制器作用下，控制系统的阶跃响应。从图中可看出，系统输出没有超调，调整时间约为 5s，满足控制器的设计预期。

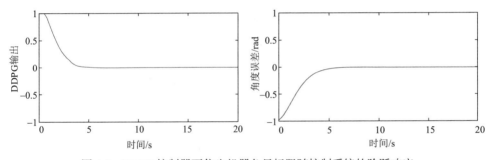

图 4.6　DDPG 控制器下仿生机器鱼目标跟随控制系统的阶跃响应

4.5.2　控制系统稳定性分析

在前述建模过程中，为了得到易于描述和分析的模型，对仿生机器鱼的模型做了大量的简化。这种简化意味着仿生机器鱼目标跟随控制系统中的受控模型是不准确的，带来的一个严重问题就是依赖该简化模型所设计出来的控制器在物理系统中使用时，会导致控制系统不稳定。因此，为了保证在仿真控制系统中，依赖简化模型所训练出来的强化学习控制器在真实的控制系统中能够稳定运行，就需要分析在强化学习控制器下的仿真控制系统的稳定性。

为了分析仿真控制系统的稳定性，可以通过绘制其开环传递函数的伯德图，得到其相角裕度和幅值裕度，定性地对其稳定性进行判断。为获取伯德图，需要获取系统的开环传递函数。对于强化学习控制器来讲，控制器的输出取决于系统的状态，而不是单纯地依赖输入，其开环传递函数不易获得，但可以通过对整个控制系统的闭环传递函数进行求取从而间接地获得系统的开环传递函数。

通过对图 4.4 所示系统输入 15 阶的 M 序列,最终得到系统的闭环传递函数为(置信度为 91.9%):

$$G_{\text{close}}(s) = \frac{-0.003\,703s + 0.477\,4}{s^2 + 1.383s + 0.557\,7} \tag{4.24}$$

又由开环传递函数和闭环传递函数之间的关系如下:

$$G_{\text{close}}(s) = \frac{G_{\text{open}}(s)}{G_{\text{open}}(s) + 1} \tag{4.25}$$

故有开环传递函数如下:

$$G_{\text{open}}(s) = \frac{G_{\text{close}}(s)}{1 - G_{\text{close}}(s)} = \frac{-0.003\,703s + 0.477\,4}{s^2 + 1.387s + 0.0803} \tag{4.26}$$

如果假设 DDPG 算法是一个将 γ 和 γ' 进行线性组合形成的环节,即其开环传递函数为

$$H_{\text{DDPG}}(s) = ds + p \tag{4.27}$$

式中,d 为系数。则理论上的闭环传递函数为

$$G_{\text{ideal\_open}}(s) = \frac{ds + p}{s^2 + 1.25s} \tag{4.28}$$

比较式(4.26)和式(4.28)可以看到,两式较为接近,故系统辨识的结果较为精确,可信度较高。根据式(4.26)所示的开环传递函数,我们绘制出了对应于该开环传递函数的伯德图,如图 4.7 所示。根据伯德图可得,系统的幅值裕度为 51.5dB,相角裕度为 85.3°,系统稳定性较好,强化学习控制器鲁棒性较高。

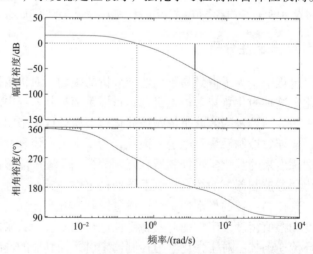

图 4.7　DDPG 控制器下仿生机器鱼目标跟随控制系统的伯德图

4.5.3 受控系统发生改变时强化学习算法的适应性

强化学习算法的一个显著优点就是对环境具有自适应性。对应上述的控制系统来讲，就是当受控系统的特性发生改变时，强化学习控制器能够适应这种变化并找到对应于这种变化的最优解。

对于水下环境来说，环境变化是常态，例如海洋中变化的洋流，或者河流中变化的流速。对这种环境变化的适应能力是仿生机器鱼工程实用化的基础。若不考虑环境的影响，仿生机器鱼本身的变化也会使整个受控系统特性发生改变。例如，当对仿生机器鱼的尾部关节进行调整后，或者是制作了一条新的仿生机器鱼时，尾部关节可能不一定是严格居中，也就是控制器的输出会受到类似于"静态偏差"的影响。本节就以这种静态偏差作为研究对象，分析受控系统发生改变时，强化学习算法的适应性。

假定仿生机器鱼的偏置率 β 存在 0.2 的静态偏差，即 $\beta_{offset}=2$。在物理系统中，一般不会有高达 0.2 的静态偏差，静态偏差值一般都低于 0.1。选择较大的偏差值进行实验是为了使控制效果更明显。添加了静态偏差的控制系统如图 4.8 所示。

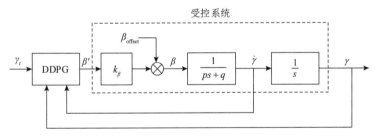

图 4.8　静态偏差影响下的强化学习仿真系统示意图

该控制系统的系统响应如图 4.9 所示。由图 4.9 可知，系统存在稳态误差。强化学习控制器还有优化空间。此外，即便是系统特性发生了变化，强化学习控制器仍能够保证系统的稳定。

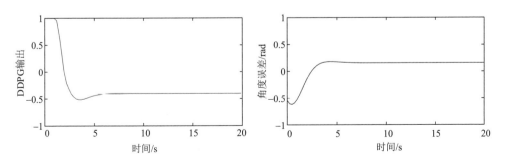

图 4.9　具有静态偏差时仿生机器鱼目标跟随控制系统的响应曲线(初始状态随机)

DDPG 算法是一种带有探索操作的强化学习算法。在对 DDPG 算法的网络进行训练时，首先要根据具有某种分布的随机过程产生一个随机动作，然后通过执行随机动作的回报对 Actor 网络和 Critic 网络进行更新。由于该随机动作是叠加在已有的策略所输出的动作之上，因此，只要受控系统不过于敏感，整个控制系统仍能够保持稳定。图 4.8 所示的控制系统在训练时系统的响应曲线如图 4.10 所示。

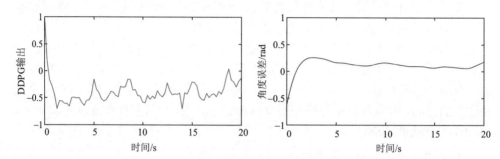

图 4.10　强化学习算法进行探索时仿生机器鱼目标跟随控制系统的响应曲线（初始状态随机）

从图 4.10 可以看出，DDPG 输出在原有的输出曲线上叠加了一定的随机信号，但系统仍然能够大致地收敛到目标输出。这种在学习的过程中仍然能够保持稳定的特性使仿生机器鱼能够在大致稳定的状态下不断对环境进行探索和学习，最终适应新的环境。同时，这个特性为仿生机器鱼目标跟随控制系统的强化学习控制器采用仿真及物理实验相结合的训练方式提供了保障：即可以采用仿真实验先获得物理环境下训练的预训练参数。

在静态偏差下，强化学习算法的一幕的回报总和随训练步数变化如图 4.11 所示。图 4.11 的变化曲线是将经验回放池的大小设定为 50 000 时得到的。文献[22]中所取的经验回放池大小为 10^6。因为 DDPG 算法是从经验回放池中随机选取转换数据对 Actor 和 Critic 网络进行训练，如果经验回放池过大，则新的经验可能需要很长的时间才能够以比较大的概率被选到，故强化学习控制器向适应新系统的方向变化的速度就会很慢。但经验回放池的大小也不宜取一个过小值，否则容易导致训练样本之间相关性过强而令算法不收敛。权衡之后，将经验回放池的大小取为 50 000。

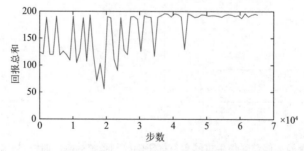

图 4.11　添加静态偏差时一幕的回报总和随训练步数变化曲线图

从图 4.11 中可以看出，大概在 50 000 步的时候，回报总和稳定在了最优值。其原因是旧的经验已经被完全舍弃了。故若想加快算法收敛到新的最优值的速度，可以考虑减小经验回放池的大小。

强化学习算法收敛到最优值后，系统的阶跃响应如图 4.12 所示。从图中可以看出，强化学习算法完全适应了静态偏差的变化，系统的稳态误差接近于 0。

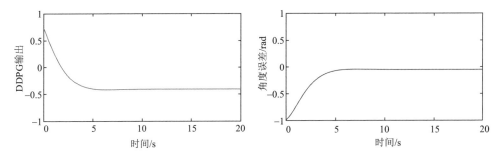

图 4.12　具有静态偏差时仿生机器鱼目标跟随控制系统的阶跃响应曲线

4.5.4　滞后环节对强化学习算法的影响

在图 4.2 中，假定仿生机器鱼在向前游动时，身体不会摆动。但在物理系统中，由于仿生机器鱼依靠尾部的摆动产生向前的动力，故身体不可避免地会周期性地摆动。这种摆动会导致图 4.2 夹角 φ 产生周期性的变化。若控制系统的输出信号夹杂了周期性的信号，则会影响控制器的控制效果。

为了解决周期性信号带来的影响，对夹角 φ 进行滑动均值滤波，记滤波后得到的夹角为 $\bar{\varphi}$。滑动均值滤波的窗口大小设为仿生机器鱼的 CPG 周期 T_{CPG}，这样正好可以令周期性信号正负相抵而得到仿生机器鱼真正的朝向。但滑动均值滤波带来的另一个问题就是滞后，这种滞后表现在控制系统中即为一种带限幅的积分环节。由于该环节为非线性环节，为了便于分析，将其近似为一个一阶惯性环节。假设滑动窗口大小为 T_{mean}，则该环节的传递函数为

$$G_{\text{mean}}(s) = \frac{1}{T_{\text{mean}} + 1} \tag{4.29}$$

在整个系统中，除了对 φ 的滑动均值滤波带来测量环节上的滞后外，图像的采集和处理模块也会为 φ 的测量带来纯滞后。由于图像的采集和处理模块的纯滞后时间较小，因此可以将其近似为一个一阶惯性环节，若记该环节的纯滞后时间为 T_{image}，则该环节的传递函数为

$$G_{\text{image}}(s) = e^{-T_{\text{image}}s} \approx \frac{1}{T_{\text{image}}s + 1} \tag{4.30}$$

除了测量环节上有滞后外，执行环节上也有滞后环节。由于仿生机器鱼的游动控制采用 CPG 模型，其特点就是在参数发生突变时，会平滑地过渡到新状态。也就是当 β 发生变化时，不会马上体现到力矩 τ 上。CPG 模型的"平滑过渡"就为仿生机器鱼的目标追踪系统带来了执行环节上的滞后。若记 CPG 模型的过渡时间为 T_{CPG}，则该环节的传递函数近似为

$$G_{\text{CPG}}(s) = \frac{1}{T_{\text{CPG}}s + 1} \tag{4.31}$$

综上所述，仿生机器鱼的目标跟随系统中存在诸多的滞后环节，即一阶惯性环节，这些惯性环节的时间常数之和可达 1.5～2s。而滞后环节的存在将大大地影响系统的稳定性，甚至可能令仿真中训练得到的控制器在真实环境中无法使用。为此，必须分析在这些滞后环节的影响下，强化学习算法的表现是否可以达到预期。

首先还是分析当系统加入这些滞后环节时系统的稳定性。这些滞后环节在系统中的位置如图 4.13 所示。

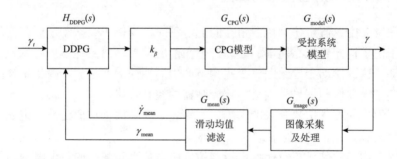

图 4.13　带有滞后环节的仿生机器鱼目标跟随控制系统框图

计算该控制系统的开环传递函数有

$$\begin{aligned}
G_{\text{open}}(s) &= k_{\beta}H_{\text{DDPG}}(s)G_{\text{CPG}}(s)G_{\text{model}}(s)G_{\text{image}}(s)G_{\text{mean}}(s) \\
&= k_{\beta}H_{\text{DDPG}}(s)G_{\text{model}}(s)(G_{\text{CPG}}(s)G_{\text{image}}(s)G_{\text{mean}}(s)) \\
&= k_{\beta}H_{\text{DDPG}}(s)G_{\text{model}}(s)G_{\text{delay}}(s)
\end{aligned} \tag{4.32}$$

式中，$G_{\text{delay}}(s) = G_{\text{CPG}}(s)G_{\text{image}}(s)G_{\text{mean}}(s)$。由于 $G_{\text{CPG}}(s)$、$G_{\text{image}}(s)$ 和 $G_{\text{mean}}(s)$ 的时间常数比较小，因此可以将三个惯性环节等效成一个惯性环节，该惯性环节的时间常数为 $T_{\text{delay}}(s) = T_{\text{CPG}}(s) + T_{\text{image}}(s) + T_{\text{mean}}(s)$。由此简化后的控制系统框图如图 4.14 所示。同时，我们假定 $T_{\text{delay}} = 2$。

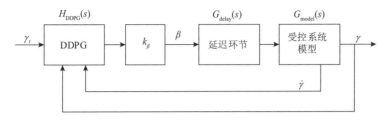

图 4.14 简化后的带有滞后环节的仿生机器鱼目标跟随控制系统框图

以 4.5.1 节中所得到的强化学习参数来控制图 4.14 中的系统，可以得到系统的阶跃响应如图 4.15 所示。从图中可以看出，系统仍保持稳定，只是调整时间延长到了约 15s。在 4.5.1 节训练得到的强化学习控制器的基础上，为控制系统加入延迟环节后，系统一幕的回报总和随训练步数变化曲线图如图 4.16 所示。此处经验回放池的大小为 50 000。从图中可以看出，强化学习算法在 30 000 步左右收敛到了新的最优解。不过值得注意的是，在收敛的过程中出现过总回报为 0 的情况。这说明训练过程中，系统出现了超出边界条件的情况，也就是整个控制系统出现过不稳定的情况。

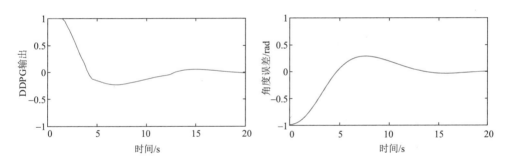

图 4.15 带有滞后环节的仿生机器鱼目标跟随控制系统的阶跃响应曲线
（原有强化学习控制器下）

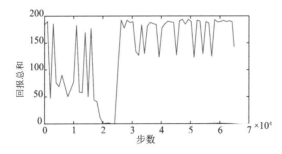

图 4.16 添加滞后环节后一幕的回报总和随训练步数变化曲线图

强化学习算法最终稳定后控制系统的阶跃响应曲线如图 4.17 所示。从图中可以看出，系统的调整时间缩短到了约 13s。

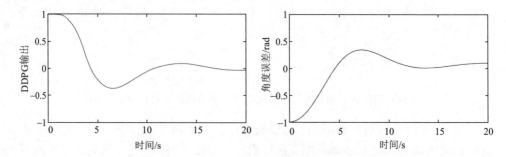

图 4.17　带有滞后环节的仿生机器鱼目标跟随控制系统的阶跃响应曲线
（训练后的强化学习控制器下）

从理论上来分析，加入惯性环节 $G_{\text{delay}}(s)$ 后，系统变成了三阶环节，只靠向量 $(\gamma, \dot{\gamma})$ 已经不能完全描述系统状态。因此，原本的 MDP 条件便不再成立。实际上，加入了惯性环节后，以向量 $(\gamma, \dot{\gamma})$ 为状态向量的受控系统成为一个部分可观察的马尔可夫决策过程（partially observable Markov decision processes，POMDP）。虽然强化学习算法要求环境模型是 MDP 模型，但是在一定情况下，强化学习对于 POMDP 问题也可以收敛，故本章中的强化学习算法在受控系统被添加了惯性环节后，仍能够得到符合控制需求的强化学习控制器。

4.6　跟踪实验验证

为验证所设计强化学习算法的有效性，本节以仿生机器鲨鱼平台为对象进行物理实验。

根据上述分析，即便对于在理想模型下训练得到的强化学习控制器，在模型中添加了物理系统中可能存在的各种干扰后，强化学习控制器仍然能够保持系统的稳定。基于该特点，我们可以使用在仿真环境中训练得到的强化学习算法参数作为物理环境中强化学习控制器的预训练参数，以使强化学习能够在基本保持整个控制系统稳定的情况下不断地朝最优方向演化。采用强化学习控制器，得到物理系统中的阶跃响应如图 4.18 所示。

由全局视觉采集到的图像如图 4.19 所示。在此需要说明两点：①虽然实验中用到了全局视觉动作测量系统，但并没有使用全局视觉的信息对仿生机器鲨鱼进行控制；②实验中所选取的目标物体为图 4.19(a) 右上角所示的仿生机器虎鲸[23]。

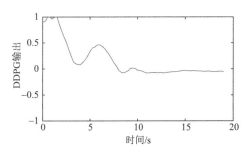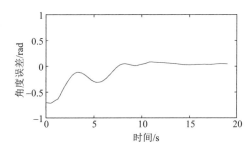

图 4.18　物理实验中仿生机器鲨鱼目标跟踪系统的阶跃响应(阶跃幅值不为 1)

从图 4.18 中可以看出，本次阶跃响应实验的调整时间约为 10s，与 4.5.4 节的仿真结果大致相同。同时，系统输出没有振荡，静态误差较小，不足 0.1，总体控制效果符合预期。

(a) 仿生机器鲨鱼的初始位置及方向

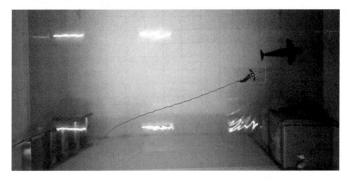

(b) 整个阶跃响应过程的轨迹曲线

图 4.19　阶跃响应实验中全局视觉摄像头采集

图 4.20 给出了仿生机器鲨鱼对运动中的仿生机器虎鲸进行跟随的视频截图序列。从图中可以看出，仿生机器鲨鱼能够较好地跟随运动的仿生机器虎鲸。此外，从图中仿生机器鲨鱼和仿生机器虎鲸的轨迹曲线可以看出，在仿生机器虎鲸的运

动方向发生改变时，仿生机器鲨鱼也会随着仿生机器虎鲸运动方向的改变而调整自己的方向，充分说明了强化学习算法的有效性。

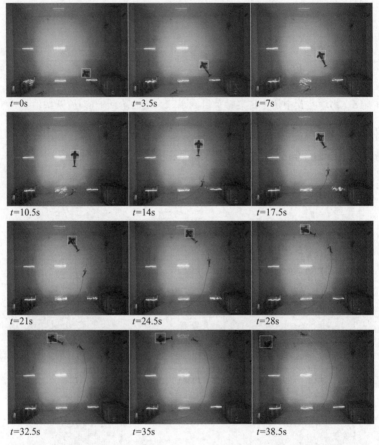

图 4.20　仿生机器鲨鱼对运动中的仿生机器虎鲸进行跟随的视频截图序列

4.7　小结

　　本章围绕仿生机器鱼的水下目标跟随控制问题，提出了基于强化学习的水下目标跟随控制方法。采用 DDPG 算法作为基本的强化学习算法，通过合理地设计状态向量、动作向量和回报函数，使强化学习控制器可以较好地达到期望的控制效果。通过充分的仿真实验及分析，探索了强化学习控制器的鲁棒性及自适应能力，为强化学习控制器在物理系统中的应用奠定了基础。最后，通过物理实验验证了强化学习控制器能够有效地控制仿生机器鱼对目标物体进行跟随，实现了基于强化学习的仿生机器鱼目标跟随控制。

参 考 文 献

[1] MacIver M A, Fontsine E, Burdick J W. Designing future underwater vehicles: principles and mechanisms of the weakly electric fish[J]. IEEE Journal of Oceanic Engineering, 2004, 29(3): 651-659.

[2] Colgate L E, Lynch K M. Control problems solved by a fish's body and brain: a review[J]. IEEE Journal of Oceanic Engineering, 2004, 29(3): 660-673.

[3] Dickinson M H, Farley C T, Full R J, et al. How animals move: an integrative view[J]. Science, 2000, 288(5463): 100-106.

[4] Altringham J D, Ellerby D J. Fish swimming: patterns in muscle function[J]. Journal of Experimental Biology, 1999, 202(23): 3397-3403.

[5] Haykin S. 神经网络与机器学习[M]. 申富饶, 徐烨, 郑俊, 等, 译. 北京: 机械工业出版社, 2011.

[6] Mitchell T M. 机器学习[M]. 曾华军, 张银奎, 等, 译. 北京: 机械工业出版社, 2008.

[7] Sutton R S, Barto A G. Reinforcement Learning: an Introduction[M]. 2nd ed. Cambridge: MIT Press, 2017.

[8] Blackwell D. Discrete dynamic programming[J]. The Annals of Mathematica Statistics, 1962: 713-726.

[9] Howard A R. Dynamic Programming and Markov Processes[M]. Cambridge: MIT Press, 1960.

[10] Watkins C J, Dayan P. Q-learning[J]. Machine Learning, 1992, 8(3-4): 279-292.

[11] Watkins C J C H. Learning from delayed rewards[D]. Cambridge: University of Cambridge, 1989.

[12] Mnih V. Machine learning for aerial image labeling[D]. Toronto: University of Toronto, 2013.

[13] Sermanet P, Kavukcuoglu K, Chintala S, et al. Pedestrian detection with unsupervised multi-stage feature learning[C]. IEEE Conference on Computer Vision and Pattern Recognition, 2013: 3626-3633.

[14] Krizhevsky A, Sutskever I, Hinton G E. Imagenet classification with deep convolutional neural networks[J]. Advances in Neural Information Processing System, 2012: 1097-1105.

[15] Graves A, Mohamed A R, Hinton G E. Speech recognition with deep recurrent neural networks[C]. IEEE International Conference on Acoustics, Speech and Signal Processing, 2013: 6645-6649.

[16] Dahl G E, Yu D, Deng L, et al. Context-dependent pre-trained deep neural networks for large-vocabulary speech recognition[J]. IEEE Transactions on Audio, Speech, and Language Processing, 2012, 20(1): 30-42.

[17] Mnih V, Kavukcuoglu K, Silver D, et al. Playing atari with deep reinforcement learning[J]. arXiv preprint arXiv: 1312.5602, 2013.

[18] Mnih V, Kavukcuoglu K, Silver D, et al. Human-level control through deep reinforcement learning[J]. Nature, 2015, 518(7540): 529-533.

[19] Sutton R S, McAllester D A, Singh S P, et al. Policy gradient methods for reinforcement learning with function approximation[C]. Conference on Neural Information Processing System, 1999: 1057-1063.

[20] Silver D, Lever G, Heess N, et al. Deterministic policy gradient algorithms[C]. International Conference on Machine Learning, 2014.

[21] Konda V R, Tsitsiklis J N. Actor-critic algorithms[J]. Advances in Neural Information Processing Systems, 1999, 13: 1008-1014.

[22] Lillicrap T P, Hunt J J, Pritzel A, et al. Continuous control with deep reinforcement learning[J]. arXiv preprint arXiv: 1509.02971, 2015.

[23] Liu J C, Wu Z X, Yu J Z. Design implementation of a robotic dolphin for water quality monitoring[C]. IEEE International Conference on Robotics and Biomimetics, 2016: 835-840.

5

仿生机器鱼三维跟踪控制

5.1 引言

　　水下自主跟踪是水下机器人的重要任务，具有广泛的应用前景，包括海洋资源勘探、海洋地图构建及海洋救援等。虽然基于视觉的跟踪容易受到水中光线不均、成像质量低的影响，但是基于视觉的跟踪具有成本低廉、精度较高的优点，仍然引起广泛的关注。

　　基于视觉的水下跟踪任务，包括构建地图的水下跟踪任务与无地图的水下跟踪任务。构建地图的方法，适用于精度要求高、环境未知的场合，同时地图构建是计算复杂、资源消耗大的方案。Kim 等[1]提出了一种实时的视觉即时定位与地图构建(simultaneous localization and mapping, SLAM)方法，克服了水下成像视野受限、成像质量不高的缺点，并且利用视觉显著性方法实现舰船的检测；Lee 等[2]利用单聚类概率假设密度(single cluster probability hypothesis density, SC-PHD)滤波方法进行视觉 SLAM，为水下机器人的跟踪奠定了基础。无地图的视觉跟踪，适用于环境已知的场合，具有简单、高效的特点。Rodríguez-Teiles 等[3]利用改进的简单线性迭代聚类(simple linear iterative clustering, SLIC)方法进行图像分割，并采用最小邻域分类器获取目标位置，然后设计鲁棒性的控制策略引导水下机器人的运动；Park 等[4]设计了按一定规律分布的水下光斑引导水下机器人入仓。

　　在仿生机器鱼上增加视觉跟踪，推动了水下机器人应用范围的扩展，满足了应对复杂环境与精准控制的任务要求。目前仿生机器鱼上基于视觉的研究还处于初级阶段。例如，Hu 等[5]在一条仿斑点箱鲀的机器鱼上实现基于视觉的平面跟随；Yu 等[6]在一条多控制面的仿生机器鱼上实现了平面内的视觉跟踪控制；Takada 等[7]设计了单关节的小型仿生机器鱼，实现了基于视觉信息的位置预测。

　　本章在已有工作的基础上，研究基于嵌入式视觉的仿生机器鱼的三维跟踪控制。在仿生机器鱼运动机动灵活的基础上，实现准确的跟踪控制。首先，本章提出基于视觉的三维跟踪控制的系统框架，将三维跟踪划分为定深控制与定向控制以尽量减小控制量的耦合，保证控制的平滑稳定。然后，提出模糊滑模控制方法，实现无精确模型指导、干扰较大的定深控制；提出多阶段的定向控制策略，将连续的基于图像伺服控制转化为多阶段的偏航反馈控制，降低控制的复杂度。最后，通过对定深控制的评估确定定向控制的引入，实现定深控制与定向控制的衔接。

5.2　问题描述与系统框架

本章研究的基于嵌入式视觉的三维跟踪控制示意图如图 5.1 所示。图中以仿生机器鱼起始时刻的位置作为坐标原点建立惯性坐标系 $OXYZ$，其中，OY 轴垂直于水面向下，OZ 轴沿着仿生机器鱼起始时刻的尾头轴向前，OX 轴由右手定则确定。整个跟踪控制分为视觉定位、定深控制与定向控制。首先，通过嵌入式视觉算法计算出入口标识的三维信息；然后，在视觉指引下，仿生机器鱼游动到入口中心所在的深度(到达 A 点)，并保持在该深度游动；最后，仿生机器鱼调整航向完成定向控制(到达 B 点)，使得鱼体对准入口中心，快速游向入口处。

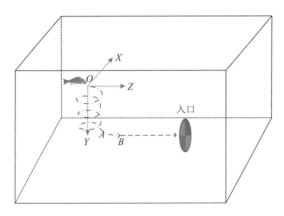

图 5.1　基于嵌入式视觉的三维跟踪控制示意图

仿生机器鱼通过下潜运动到达入口中心所在深度，需要胸鳍产生攻角，并且鱼体达到一定游速才能实现。因此，在定深控制的过程中，无法采集到稳定的图像，实时的图像数据反馈是不可靠的。为了解决这一问题，视觉仅仅给出期望深度信息，利用压力传感器获得反馈深度信息，在这个过程中不进行基于视觉的深度反馈。到达指定深度后，仿生机器鱼调整航向完成定向控制需要较高的精度，这要求稳定的航向反馈；同时，还需要兼顾仿生机器鱼游向入口的快速性。但是，保证采集图像的稳定与仿生机器鱼游动的灵活快速是矛盾的。因此，均衡控制精度和运动的灵活快速需要可靠的控制策略支持。

基于以上分析，本节设计了基于嵌入式视觉的三维跟踪控制系统框架，如

图 5.2 所示。图中，将整个三维跟踪控制分为定深控制与多阶段的定向控制，视觉测量分别为定深控制与定向控制提供期望值。并且，本节设计了定向控制的起动开关，开关的闭合受定深控制器的控制。整个控制过程，定深控制持续执行以保持仿生机器鱼在入口中心所在深度；定向控制在深度保持较好的情况下进入。

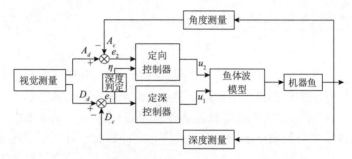

图 5.2　基于嵌入式视觉的三维跟踪控制系统框架图

图 5.2 中，u_1、u_2 分别表示定深控制器与定向控制器的输出；e_1 是深度误差，e_2 是偏航角误差，可以表示为

$$\begin{cases} e_1(k) = D_d(k) - D_c(k) \\ e_2(k) = A_d(k) - A_c(k) \end{cases} \tag{5.1}$$

式中，$A_d(k)$、$D_d(k)$ 分别表示 k 时刻视觉给出的期望偏航角与深度；$A_c(k)$、$D_c(k)$ 分别表示 k 时刻测量得到的偏航角与深度。

定向控制当且仅当深度保持较好时引入，即根据图 5.2 中深度判定的结果引入。深度判定根据式 (5.2)，当且仅当 $\eta = 1$ 时，引入定向控制。

$$\eta = \begin{cases} 1, & e_1 < e_{1\mathrm{Th}}, \dot{e}_1 < \dot{e}_{1\mathrm{Th}} \\ 0, & \text{其他} \end{cases} \tag{5.2}$$

式中，$e_{1\mathrm{Th}}$、$\dot{e}_{1\mathrm{Th}}$ 分别表示深度误差阈值及深度误差变化的误差。

5.3　基于嵌入式视觉的三维定位

水下目标的识别与连续定位是进行水下控制的基础。在嵌入式系统资源有限的前提下，基于人工地标的视觉识别与定位是可靠、有效的方法。为了提高实时性，色标块是常用的人工地标。但是在水下环境中，颜色的衰变严重[8]，并且随着目标物体距离的改变，颜色像素值变化也较大，单一颜色色块的鲁棒性不强。

在保证实时性的同时，为提高算法的鲁棒性，本节设计了色块按照一定规律排列的人工地标(图5.3)。并且，结合地标的已知尺寸信息，可以解算出目标的三维位置信息。

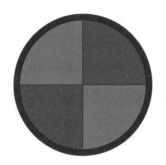

图5.3 三维定位的人工地标（见书后彩图）

对于单一颜色的识别，关注于其主分量，使其满足宽松的阈值识别(弱识别)；通过不同颜色的严格拓扑关系(强识别)，最终确定人工地标的中心位置，即目标位置。这种强弱识别的方法是受 AdaBoost 算法强弱分类器思想[9]的启发。

仿生机器鱼在游动过程中，采集到的上述人工地标在视野的图像是椭圆形的。根据几何关系，椭圆的长轴与短轴相互垂直且相交于确定的中心。因此，从获取的中心位置出发，分别向垂直的方向前进，根据色块的拓扑关系可以快速地识别出长轴、短轴。假定长轴端点在图像中的位置分别为 (u_1, v_1)、(u_2, v_2)，长轴的长度为 l。

图5.4 描述了基于人工地标的水下图像处理结果。图5.4(a)是仿生机器鱼中安装的摄像头采集到的水下图像，图像通过网线传送到上位机；图5.4(b)是根据弱识别、强识别确定的候选入口中心位置，图中图像为灰度图像，白色像素(像素值255)代表候选中心；图5.4(c)是利用均值法分析图5.4(b)中候选中心位置而确定的入口中心，图中白色十字中心表示了入口中心；图5.4(d)是从中心位置出发，根据色块的拓扑关系进一步确定的长轴与短轴，白色线分别表示了确定的长轴与短轴。图像处理的结果表明，虽然采集的图像有轻微的模糊，但是本章中的图像处理算法具有很好的鲁棒性，仍然能够快速准确地识别出中心位置与长短轴。

通过视觉算法确定目标的位置之后，根据小孔成像模型计算得到视觉给定的偏航角 A_d 与深度 D_d。图5.5 为基于视觉的三维定位示意图，主要描述了人工地标在小孔成像模型下在镜头中成像的基本原理。图中，摄像机坐标系 $O_c X_c Y_c Z_c$ 的坐标原点设为摄像机的镜头光心，$O_c Z_c$ 轴为光轴，$O_c Y_c$ 轴根据右手法则确定。图像坐标系 $O_I UV$ 的坐标原点位于光轴中心。f 代表焦距，d 代表目标离光心的距离。下面根据图示成像原理，计算需要的三维信息。

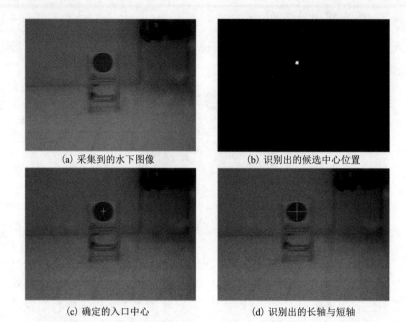

(a) 采集到的水下图像   (b) 识别出的候选中心位置

(c) 确定的入口中心   (d) 识别出的长轴与短轴

图 5.4　基于人工地标的水下图像处理结果(见书后彩图)

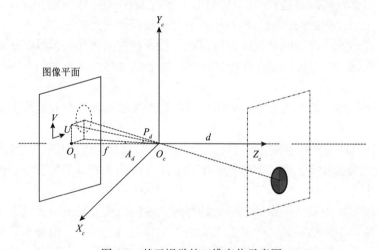

图 5.5　基于视觉的三维定位示意图

假定摄像头的镜头畸变可以忽略，摄像机内参数矩阵可以表述为

$$
\begin{bmatrix}
f_u & 0 & u_0 \\
0 & f_v & v_0 \\
0 & 0 & 1
\end{bmatrix}
\tag{5.3}
$$

式中，(u_0, v_0) 为摄像机光轴中心的图像坐标；(f_u, f_v) 为成像平面到相机坐标系的

放大系数，可以由式(5.4)表示：

$$\begin{cases} f_u = f/s_u \\ f_v = f/s_v \end{cases} \tag{5.4}$$

式中，(s_u, s_v) 分别表示图像中 O_1U 方向、O_1V 方向上单位像素的长度。

根据式(5.5)可以计算出给定的偏航角 A_d：

$$\tan A_d = \frac{(u - u_0) \cdot s_u}{f} = \frac{u - u_0}{f_u} \tag{5.5}$$

式中，(u, v) 是人工地标中心的图像坐标。

同理，视觉给定的俯仰角 P_d 可以表示为

$$\tan P_d = \frac{(v - v_0) \cdot s_v}{f} = \frac{v - v_0}{f_v} \tag{5.6}$$

根据小孔成像的几何关系可得

$$d = \frac{f}{l} \cdot R = \frac{R}{\sqrt{(u_1 - u_2)^2 / f_u^2 + (v_1 - v_2)^2 / f_v^2}} \tag{5.7}$$

式中，R 表示圆形人工地标的直径。

最终，人工地标标示的入口中心的深度 D_d 可以表示为

$$D_d = d \cdot \tan P_d \tag{5.8}$$

5.4　基于模糊滑模的定深控制

5.4.1　仿生机器鱼俯仰运动分析

对仿生机器鱼进行垂直方向上的水动力学分析，如图 5.6 所示。为简化分析，将仿生机器鱼抽象为连杆结构，分别为仿生机器鱼联体连杆、左胸鳍连杆及右胸鳍连杆。建立坐标系，$O_g X_g Y_g Z_g$ 为惯性坐标系，$O_j X_j Y_j Z_j$（j =0,1,2)为仿生机器鱼的联体坐标系，其中，j =0 表示仿生机器鱼联体连杆，j =1, 2 分别表示左右胸鳍连杆。O_0 位于整个仿生机器鱼的重心处，O_1、O_2 分别位于胸鳍与联体连杆的连接处。$O_j X_j$ 沿着连杆 j 的轴线，$O_j Z_j$ 沿着连杆 j 轴线的垂线方向，$O_j Y_j$ 由右手法则确定。

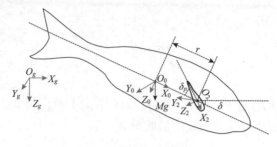

图 5.6　仿生机器鱼的俯仰运动分析

仿生机器鱼上浮下潜主要依靠独立运动的一对胸鳍产生攻角。为简化垂直方向的水动力学分析，忽略仿生机器鱼其他连杆所受到的作用力在垂直方向上的分力。根据茹科夫斯基定理和理想势流的有关理论，设流体对左右两个胸鳍的升力分别为 F_L、F_R，可得

$$\begin{cases} \|F_L\| = \dfrac{1}{2} C_L \rho A_L \|v_L\|^2 \\ \|F_R\| = \dfrac{1}{2} C_R \rho A_R \|v_R\|^2 \end{cases} \tag{5.9}$$

式中，ρ 是流体密度；A_L、A_R 分别表示左右胸鳍的迎水面积；C_L、C_R 分别表示左右胸鳍的升力系数，可以表示为攻角的函数，如式 (5.10) 所示：

$$C_L = C_R = 2\pi \sin \delta_p \cdot \phi \tag{5.10}$$

式中，δ_p 是胸鳍的几何攻角；ϕ 是修正的指数函数。

由此，左右胸鳍受到的流体力在 $O_0 X_0 Y_0 Z_0$ 下可表示为 ${}^0\!F_L$、${}^0\!F_R$：

$$\begin{cases} {}^0\!\boldsymbol{F}_L = (\|F_L\| \cdot \sin \delta_p \quad 0 \quad \|F_L\| \cdot \cos \delta_p)^{\mathrm{T}} \\ {}^0\!\boldsymbol{F}_R = (\|F_R\| \cdot \sin \delta_p \quad 0 \quad \|F_R\| \cdot \cos \delta_p)^{\mathrm{T}} \end{cases} \tag{5.11}$$

根据转动定律可得

$$(\|F_L\| \cdot \cos \delta_p + \|F_R\| \cdot \cos \delta_p) \cdot r = J\ddot{\delta} \tag{5.12}$$

式中，δ 为仿生机器鱼的俯仰角；r 为升阻力作用点至俯仰轴的距离；J 为俯仰转动惯量。

最终，仿生机器鱼的俯仰深度 $h(t)$ 可以表示为

$$h(t) = \int_0^t \|v(t)\| \sin \delta \, \mathrm{d}t + h(0) \tag{5.13}$$

式中，$v(t)$ 表示仿生机器鱼的游动速度；$h(0)$ 表示初始时刻仿生机器鱼的深度。

通过以上分析可知，利用胸鳍产生攻角实现定深控制的控制系统是关于攻角的高阶系统，并且定深控制与仿生机器鱼的游速密切相关。由此说明，定深控制过程中实时的图像数据反馈是不可靠的。此外，简化的定深控制模型只具有指导意义，但是不能直接用于系统的控制；并且，仿生机器鱼在下潜过程中柔性身体产生形变导致较大扰动[10,11]，这对定深控制的精度带来很大干扰。利用模糊滑模控制设计定深控制器能够很好地适合本章中的定深控制问题，一方面，基于模糊逻辑的控制克服了无精确模型指导的问题；另一方面，滑动变结构控制能够抑制仿生机器鱼俯仰运动中的干扰。

5.4.2 仿生机器鱼定深控制器设计

基于模糊滑模的定深控制系统框架如图 5.7 所示。图中，基于嵌入式视觉算法获取期望深度，在整个定深控制过程中实时地测量仿生机器鱼的深度作为反馈。在滑模面的设计中以深度误差为基础得到切换面 s 及其变化率 $\dot{s}$；模糊控制器的输入为 s、$\dot{s}$，输出为胸鳍攻角的变化率 $\dot{u}_1$；k_s、$k_{\dot{s}}$ 与 $k_{\dot{u}_1}$ 为相应的比例调节因子。

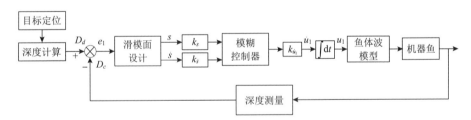

图 5.7　基于模糊滑模的定深控制系统框架图

首先，获取滑模面的输入：

$$\begin{cases} e_1(k) = D_d(k) - D_c(k) \\ \dot{e}_1(k) = \dfrac{e_1(k) - e_1(k-1)}{\text{Ts}} \\ \ddot{e}_1(k) = \dfrac{\dot{e}_1(k) - \dot{e}_1(k-1)}{\text{Ts}} \end{cases} \tag{5.14}$$

式中，Ts 是采样周期；$e_1(k)$、$\dot{e}_1(k)$ 与 $\ddot{e}_1(k)$ 分别表示 k 时刻的深度误差、误差变化及误差的二阶导数。

然后，按照式(5.15)设计滑模切换面：

$$\begin{cases} s(k) = \alpha_1 e_1(k) + \alpha_2 \dot{e}_1(k) + \alpha_3 \ddot{e}_1(k) \\ \dot{s}(k) = \dfrac{s(k) - s(k-1)}{Ts} \end{cases} \tag{5.15}$$

式中，α_1、α_2 与 α_3 是滑模切换面的调节因子，为正的常量。

最后，设计模糊控制器，获得胸鳍攻角的变化率 $\dot{u}_1$。

1. 隶属度设计

输入切换函数值 s、切换函数的变化量 $\dot{s}$、输出 $\dot{u}_1$ 分别使用五个、七个、七个模糊语言值。语言值 NB、NM、NS、ZE、PS、PM 及 PB 分别代表负大、负中、负小、零、正小、正中及正大。模糊控制器的隶属度函数选用正态分布的函数，如图5.8所示。

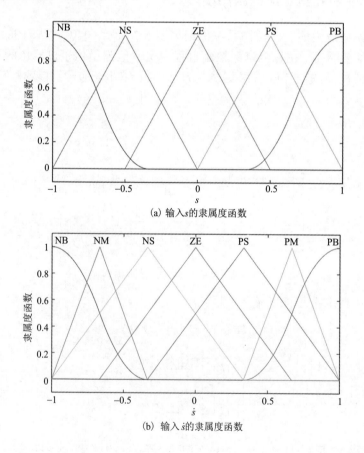

(a) 输入 s 的隶属度函数

(b) 输入 $\dot{s}$ 的隶属度函数

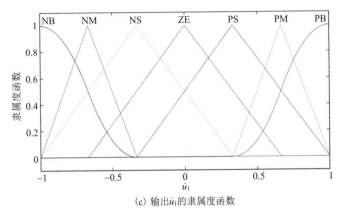

(c) 输出$\dot{u}_1$的隶属度函数

图 5.8　模糊控制器的隶属度函数

2. 规则库设计与解模糊

规则库的设计以满足滑模面存在条件为前提，即满足 $s\dot{s}<0$ 条件。当 s、$\dot{s}$ 均为 NB 时，设计 $\dot{u}_1$ 也为 NB，以使 $s\dot{s}$ 快速减小；同理，当 s、$\dot{s}$ 均为 PB 时，设计 $\dot{u}_1$ 也为 PB。规则库的设计根据以上分析，总结在表 5.1 中。

表 5.1　模糊滑模控制器的规则库设计

s	$\dot{s}$						
	NB	NM	NS	ZE	PS	PM	PB
NB	NB	NB	NB	NM	NS	ZE	PS
NS	NB	NB	NM	NS	ZE	PS	PM
ZE	NB	NM	NS	ZE	PS	PM	PB
PS	NM	NS	ZE	PS	PM	PB	PB
PB	NS	ZE	PS	PM	PM	PB	PB

解模糊方法采用重心解模糊方法。最终获得胸鳍的攻角 $u_1(k)$ 可以表示为式 (5.16)：

$$u_1(k) = u_1(k-1) + \dot{u}_1(k) \cdot \mathrm{Ts} \tag{5.16}$$

同时，为了保证仿生机器鱼具有足够的速度，以产生足够大小的俯仰力，给定输入仿生机器鱼尾部舵机的鱼体波信号。

5.5　多阶段的定向控制

再次强调，定向控制当且仅当 $\eta=1$ 时才引入，在整个定向控制中保持对定深控制的评估。因此，以下多阶段的定向控制方法在 $\eta=1$ 的条件下进行。

仿生机器鱼的运动控制模型是鱼体波模型，其输入各个舵机的控制信号与视觉给定之间是非线性的，并且没有模型可以参考。模糊控制器就其本质来说，可以等效为一个非线性的 PD 控制器，非常适合于这样的非线性控制问题。所提出的基于模糊的定向运动控制框图如图 5.9 所示，图中，A_d 为目标偏航角；A_c 为实际偏航角；e_2 为偏航角误差；K_{ec}、K_e 为 PD 控制器系数；K_u 为比例系数；u_2 为鱼体关节偏置角。本节方案中，陀螺仪测量的偏航角度作为负反馈，用以保证控制系统的稳定性。

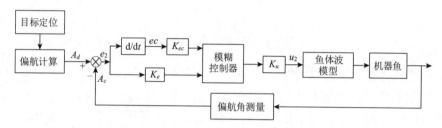

图 5.9　基于模糊的定向运动控制框图

定向运动控制中模糊控制器的设计，包括隶属度函数设计、规则库设计及解模糊方法。其中，隶属度函数采用标准三角函数；规则库设计根据经验；解模糊方法采用重心解模糊方法。设计过程可参考定深控制算法。

仿生机器鱼的灵活运动，是对鱼类高超运动能力的模仿。但是，其灵活运动必然导致成像质量低下，甚至模糊，这必然会降低具有嵌入式视觉仿生机器鱼的控制精度。为了协调具有嵌入式视觉仿生机器鱼的运动性能与控制精度，在定向控制中必须精细化运动控制策略，在保证控制精度的前提下尽量满足仿生机器鱼灵活的运动。精细的运动控制策略设计如下。

1. 控制的阶段性

定向控制的过程，分为偏航阶段和直游阶段。首先，通过视觉给定偏航角度，仿生机器鱼转向到给定角度；然后，仿生机器鱼在头部对准目标时直游，快速到达目标。

（1）偏航阶段。为保证采集图像的稳定可靠，控制仿生机器鱼头部摆动的平稳性。基本思路是首先改进传统的鱼体波模型，从模型上改进仿生机器鱼头部的稳定性；其次，基于牛顿-欧拉方法对仿生机器鱼的水动力学进行建模；最后，基于水动力学模型，采用遗传算法进行参数优化以满足仿生机器鱼的头部最小摆动。在偏航阶段，以头部平稳性的优化参数控制仿生机器鱼的游动。

（2）直游阶段。以正常游动参数控制鱼体游动，保证直游的快速性。一方面，定向控制通过鱼体的偏航实现，偏航时头部平稳性的保持减少了成像的抖动，能够确保目标定位的可靠性，为定向控制的精确性奠定基础；另一方面，直游阶段，以快速到达目标为目的，以正常的游动参数控制鱼体快速游动。

2. 控制强约束与弱约束的结合

定向的运动控制，等效为非线性 PD 控制，无法完全消除误差，但是具有快速的特点。因此，在定向控制环节，仍然采用具有稳态误差的弱控制，以保证控制的快速性。视觉给定环节，给定的角度具有较高精度和较强约束。因此，通过分阶段的精确视觉给定保证控制的精度。这样，通过视觉给定的强约束与定向控制的弱约束结合，进一步实现仿生机器鱼精确、快速地定向控制。

5.6　实验分析

为了验证基于视觉的三维跟踪控制方法的有效性，本节在实验室水池中进行了实验。水池尺寸大约是 4m×5m×1.5m，水深约是 1.2m，实验载体为具有嵌入式视觉的仿生机器鱼，嵌入式硬件系统是以 DM3730 为核心的控制电路。

5.6.1　定深控制实验

首先，以模糊滑模为基础控制仿生机器鱼的深度，通过安装在仿生机器鱼底端的压力传感器测量深度。给定目标深度为 40cm，定深控制过程中测量得到的结果如图 5.10 所示。图中，深度数据通过串口无线传输到上位机，发送数据的时间间隔设定为固定时间间隔，并且在水下数据无线传送中会出现数据拥堵，因此时间轴指的是顺序时间序列。定义深度误差为期望目标深度减去测量深度。从第 10s 时刻，仿生机器鱼基本保持在期望目标深度。分析仿生机器鱼深度达到稳态时的误差，深度误差的最大值约为 6.29cm，均值约为 1.56cm，方差约为 7.38cm^2。当仿生机器鱼深度保持稳态时，如果深度误差为正，则表示仿生机器鱼在深度较小的位置受力平衡，此时需要控制仿生机器鱼的胸鳍攻角使其下潜；反之亦然。从结果看来，基于模糊滑模的控制方法具有良好的时间响应，误差在可接受范围，为后续基于视觉的三维跟踪奠定了基础。

然后，为了进一步说明所提定深控制方法的鲁棒性，本节进行了人工干扰下的深度保持实验。图 5.11 描述了定深控制的抗干扰视频序列。图中，红色线表示预定的目标深度。图 5.11(a)～图 5.11(d)描述了仿生机器鱼下潜到目标深度的过程；图 5.11(e)～图 5.11(g)是仿生机器鱼保持在预定深度；图 5.11(h)中，人工干扰介入，仿生机器鱼偏离预定深度；图 5.11 (i)～图 5.11 (l) 中，仿生机器鱼继续定深控制，实现下潜并保持在目标深度。

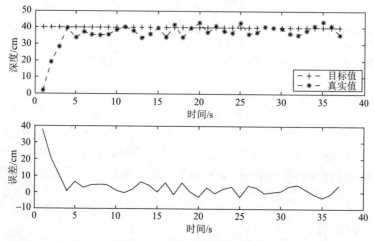

图 5.10　定深控制测量结果

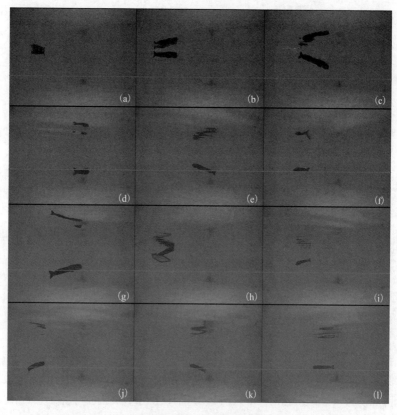

图 5.11　一组定深控制的抗干扰视频截图(见书后彩图)

实验中，虽然仿生机器鱼经过了反复配重，但是无法完全保证仿生机器鱼的重力等于浮力；而且仿生机器鱼设计时浮心略高于重心。因此，仿生机器鱼在深度保持的过程中，鱼体时刻有上浮的趋势。这也说明仿生机器鱼的上浮比下潜要容易得多。基于此，为了保证仿生机器鱼保持在目标深度游动，实现仿生机器鱼更加自如的上浮与下潜，本节设计了阶段性的控制量。通过式(5.17)调节 K_{u1} 实现阶段性的控制量：

$$K_{u1} = \begin{cases} k_0, & e_1 > 0 \\ \dfrac{k_0}{3}, & e_1 \leqslant 0 \end{cases} \tag{5.17}$$

式中，k_0 是模糊控制器输入调节因子。同时，限制胸鳍攻角的最大值，使得上浮时最大攻角是下潜时的 1/3，输入舵机的实际攻角为 u_{1in}，如图 5.12 所示，其中 u_0 是设定的攻角限位值，为正的常量，并且在实验中仿生机器鱼下潜时胸鳍的攻角为正。这样进一步保证仿生机器鱼不仅能够自由上浮下潜，而且满足舵机的机械限制。

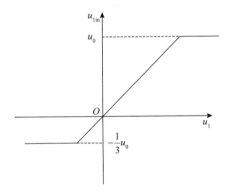

图 5.12　胸鳍攻角的饱和输入

5.6.2　定向控制实验

实验中，目标物体为人工地标，搭载嵌入式视觉系统的仿生机器鱼自动识别目标并定位，自主游动到目标。仅仅通过单目视觉获取目标位置信息，通过加速度计/陀螺仪模块 MPU6050 测量偏航角，并且仿生机器鱼在游动向目标的过程中，没有人为的干预。通过多次实验，测量仿生机器鱼到达人工地标时的误差。误差的测量方法如图 5.13 所示，图中 D 代表在垂直于摄像头光轴的方向上，鱼体与色标中心线之间的距离。假定当光轴在色标中心线左边时，$D>0$；反之，$D<0$。L 代表在垂直于摄像头光轴的方向上色标块的长度。统计得到多次测量的误差如表 5.2 所示。

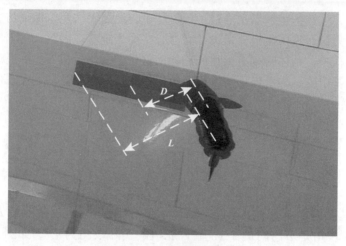

图 5.13 误差测量方法

表 5.2 误差测量结果

名目	1	2	3	4	5	6	7	8	9	10
误差(像素)/长度(像素)	12/50	0/16	10/47	5/108	41/89	0/13	13/37	9/41	13/83	15/45
相对误差	约 0.24	0	约 0.21	约 0.05	约 0.46	0	约 0.35	约 0.22	约 0.13	约 0.33
平均相对误差(10 次)					约 0.20					
相对误差方差(10 次)					约 0.17					

　　一般认为，相对误差在[−0.5, 0.5]内时，仿生机器鱼的跟踪精度满足后续控制任务的要求。从表 5.2 中可以看出，本节所提出的控制算法能够保证较好的跟踪精度。这种更准确的跟踪源于所提出的复杂控制策略。控制系统的强约束，多阶段偏航角的精确给定，从根本上保证了跟踪的精度；同时，控制的弱约束，在阶段性的定向控制中，不断削减误差，防止多阶段的误差累积，降低了强约束控制的复杂度。

　　进一步，为更好地验证所提算法的可靠性和鲁棒性，在仿生机器鱼游动向人工地标的过程中，人为地增加扰动，使仿生机器鱼的航向偏离目标方向。通过连续反馈控制，在游动过程中仿生机器鱼不断调整航向，以保证鱼体始终向目标航向游动。

　　图 5.14 描述了仿生机器鱼自动目标定位、跟踪、抗干扰游动向目标的整个过程。图 5.15 是仿生机器鱼整个游动过程的示意图。首先，仿生机器鱼通过视觉自主巡游搜寻目标，确定目标位置后调整航向角(从 6″到 8″)。然后，在第 10″时人为增加强干扰，仿生机器鱼航向偏离目标方向；从 14″到 17″，视觉系统再次自主搜寻目标，引导仿生机器鱼调整航向。但是，在第 22″时，视觉算法定位失败，目标丢失。仿生机器鱼再次进入自主巡游搜寻目标状态，直到确定目标位置游动到目标。

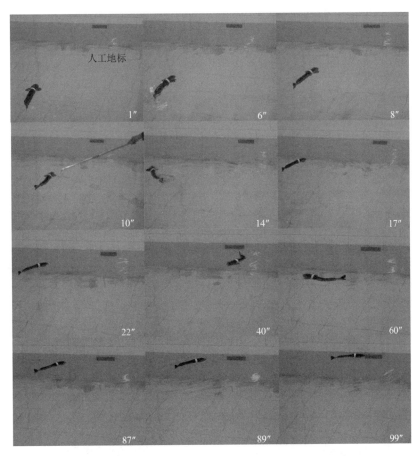

图 5.14　仿生机器鱼自动目标定位、跟踪、抗干扰游向目标的视频截图

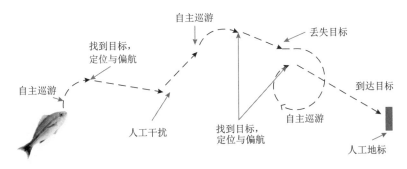

图 5.15　仿生机器鱼跟踪轨迹的示意图

　　人为强扰动的介入时刻包括偏航阶段和直游阶段。当强扰动在偏航阶段介入，基于模糊的定向控制算法可以抑制仿生机器鱼的航向改变，保持仿生机器鱼偏航角的稳定；当强扰动在直游阶段介入而引起目标丢失，视觉算法引导仿生机器鱼

自主巡游搜寻目标，最终再次确定目标位置。总之，无论何种情况，本节所提出的算法都能够抑制干扰，避免仿生机器鱼跟踪失败。另外，本节所提出算法的可靠性还体现在，当视觉定位失败时，仿生机器鱼通过自主巡游连续定位直到目标识别与定位成功。

5.6.3　三维跟踪控制实验

结合多阶段的定向控制与基于模糊滑模的定深控制，本节在实验室水池进行了三维跟踪控制实验。实验中，人工地标表示入口位置。图 5.16 是水下摄像头拍摄的三维跟踪控制的视频序列。图 5.16(a)～图 5.16(f)中，基于视觉计算出入口中心所在深度，仿生机器鱼在视觉信息指引下游动到指定深度；图 5.16(g)～图 5.16(l)描述了多阶段的定向控制，仿生机器鱼在视觉指引下进行航向调整，最终游动到入口位置。图 5.17 是全局摄像头从水面拍摄的三维跟踪控制的视频序列。图 5.17(a)～图 5.17(f)是定深控制过程；图 5.17(g)～图 5.17(l)是定向控制过程。

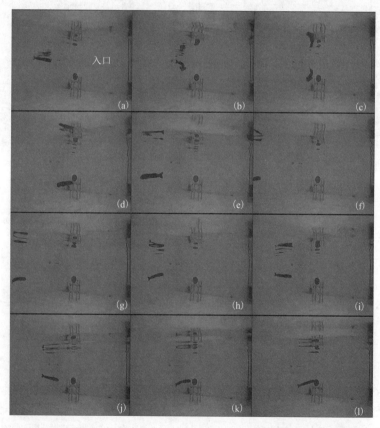

图 5.16　水下摄像头拍摄的一组三维跟踪控制的视频截图(见书后彩图)

实验结果表明，基于视觉的三维跟踪控制能够指引仿生机器鱼在三维空间内准确地游动到目标位置，为后续复杂任务的实现奠定基础。

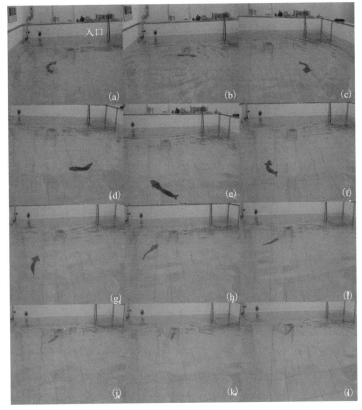

图 5.17　全局摄像头拍摄的一组三维跟踪控制的视频截图(见书后彩图)

5.6.4　分析与讨论

本章中将基于视觉的三维控制问题转化为连续衔接的定深控制与定向控制，二者的分阶段运行与连接对于整个系统的平滑连续显得尤为重要。为此，本节设计了串口握手信号以实现定深控制与定向控制的适时运行。串口握手信号的设计如表 5.3 所示，同时当定深控制或定向控制完成时反馈应答信号。

表 5.3　串口握手信号数据格式

	1	2	3	4
内容	信息头	标示位	控制数据	校验位

在基于模糊滑模的定深控制中，防止抖振是首先考虑的问题，目的是减小机

械冲击，满足控制精度的要求。一方面，模糊控制器的设计满足控制量平滑变化的要求，在一定程度上减小了系统的抖振；另一方面，上浮与下潜攻角的饱和限制也在一定程度上约束了控制量的变化范围，使控制更为灵活与平滑。基于模糊滑模的定深控制减小抖振的效果如图 5.18 所示。从图中可以明显看出，基于模糊滑模的定深控制响应迅速，超调较小；更为重要的是，控制量平滑、可靠，有效地减小了抖振。

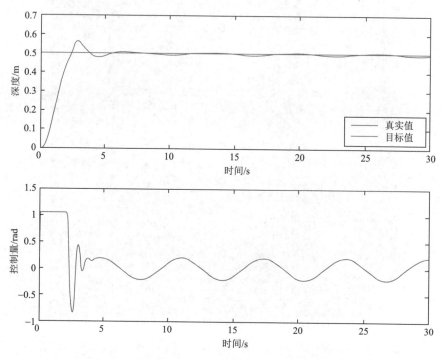

图 5.18　基于模糊滑模的定深控制结果（见书后彩图）

　　基于视觉的三维定位是精度较高的相对位置获取手段，但是由于水环境的复杂性及成像模型的影响，还是存在一定的误差。特别地，水下摄像头安装于透明窗体内，光线从目标物体进入镜头在液体与玻璃窗体、玻璃窗体与空气之间都要经过折射。因此，本章提出的三维定位方法在定位精度要求更高的场合有待进一步提高。

　　表 5.4 给出了三维跟踪控制中仿生机器鱼到达人工地标时的误差。为了与多阶段定向控制的误差做比较，测量全局摄像头采集到的跟踪结果。如表 5.4 所示，三维跟踪误差的结果中，最大相对误差达到 1，平均相对误差约为 0.46，相对误差方差约为 0.15。通过实验结果发现，与多阶段定向控制时的结果相比，三维跟踪控制中仿生机器鱼最终到达入口位置时的误差变大。这是因为三维跟踪时仿生

机器鱼需要保持一定的游速，在游动过程中更容易丢失目标。三维跟踪控制中的定向控制，是在定深控制的基础上引入的，因此为了保持深度，仿生机器鱼必然要保持一定的游速；而游速对于仿生机器鱼的头部稳定性影响较大，虽然头部平稳性的方法尽量减小了头部的摆动，但是这种较高游速下的图像采集还是受到较大影响。但是从另一方面讲，多阶段定向控制中可靠的控制策略仍然保证仿生机器鱼在丢失目标时通过自主巡游搜寻目标来完成三维跟踪。

表 5.4　误差测量结果

名目	1	2	3	4	5	6	7	8
误差(像素)/长度(像素)	39/41	0/22	3/16	5/16	3/54	10/23	31/44	23/23
相对误差	约 0.95	0	约 0.19	约 0.31	约 0.06	约 0.43	约 0.70	1
平均相对误差(8 次)				约 0.46				
相对误差方差(8 次)				约 0.15				

5.7　小结

本章在已有工作的基础上，研究了仿生机器鱼复杂的视觉跟踪控制问题。首先，设计了基于嵌入式视觉的三维跟踪控制的系统框架，将三维跟踪控制划分为连续的定深控制与定向控制；其次，基于人工地标的视觉算法确定目标在三维空间的位置，用于引导仿生机器鱼的自主跟踪；再次，基于模糊滑模控制实现仿生机器鱼的定深控制并保持，通过评估定深控制，适时地引入定向控制；最后，设计了多阶段的定向控制器，在定向控制中提出精细的控制策略以保证仿生机器鱼快速、准确地到达目标位置，最终实现了三维跟踪的平滑连续。进一步的工作将着重针对实验中存在的问题进行改进，需要研究水下成像模型，改进已有的成像模型，提高视觉定位的精度，为应对更为复杂的任务奠定基础。

参 考 文 献

[1]　Kim A, Eustice R M. Real-time visual SLAM for autonomous underwater hull inspection using visual saliency[J]. IEEE Transactions on Robotics, 2013, 29(3): 719-733.

[2]　Lee C S, Nagappa S, Palomeras N, et al. SLAM with SC-PHD filters: an underwater vehicle application[J]. IEEE Robotics and Automation Magazine, 2014, 21(2): 38-45.

[3]　Rodríguez-Teiles F G, Pérez-Alcocer R, Maldonado-Ramírez A, et al. Vision-based reactive autonomous navigation with obstacle avoidance: towards a non-invasive and cautious exploration of marine habitat[C]. IEEE International Conference on Robotics and Automation, 2014: 3813-3818.

[4]　Park J Y, Jun B, Lee P, et al. Experiments on vision guided docking of an autonomous underwater vehicle using one

camera[J]. Ocean Engineering, 2009, 36 (1) : 48-61.

[5] Hu Y H, Zhao W, Xie G M, et al. Development and target following of vision-based autonomous robotic fish[J]. Robotica, 2009, 27 (7) : 1075-1089.

[6] Yu J Z, Wang K, Tan M, et al. Design and control of an embedded vision guided robotic fish with multiple control surfaces[J]. The Scientific World Journal, 2014: 631296.

[7] Takada Y, Koyama K, Usami T. Position estimation of small robotic fish based on camera information and gyro sensors[J]. Robotics, 2014, 3 (2) : 149-162.

[8] Schettini R, Corchs S. Underwater image processing: state of the art of restoration and image enhancement methods[J]. EURASIP Journal on Advances in Signal Processing, 2010 (1) : 1-14.

[9] Freund Y, Schapire R E. A decision-theoretic generalization of on-line learning and an application to boosting[J]. Journal of Computer and System Sciences, 1997, 55 (1) : 119-139.

[10] 周超. 子母式仿生机器鱼的建模控制协作研究[D]. 北京: 中国科学院研究生院, 2008.

[11] 周超, 曹志强, 王硕, 等. 仿生机器鱼俯仰与深度控制方法[J]. 自动化学报, 2008, 34 (9) : 1215-1218.

6

机器水母的仿生设计与智能控制

6.1 引言

海洋生物经过长期的自然进化，发展出了非凡的水下运动能力，效率高、速度快、机动性强。水下生物的推进方式有 BCF、MPF 及喷射推进模式等[1]。大部分鱼类采用前两种推进模式。1995 年，MIT 的 Triantafyllou 等[2]研制了世界上第一条仿生金枪鱼(Robotuna)，开启了机器鱼研制的先河。国内外针对机器鱼的研究大量涌现[3-5]。各种形式的机器鱼、机器海豚不断被报道。这些机器鱼采用了形式各异的机械结构和独特的控制方法[6-11]。以上报道的机器鱼和机器海豚都是采用了 BCF 或 MPF 推进模式，而对于喷射推进模式的机理及应用相对较少。因此，对于喷射推进模式的应用还有很大的研究空间。

水母是海洋中重要的大型浮游生物，是无脊椎动物，属于腔肠动物门中的一员。水母身体外形像一把伞，外伞直径有大有小，内伞有发达的肌肉纤维，肌肉纤维收缩时，伞内腔体收缩，使腔体中的水被挤出，喷出的水流形成反作用力从而推动水母前进；然后腔体慢慢恢复到舒张状态，使水回流至腔体，为下一次喷水做准备[12]。通过改变喷水时壳口的朝向，可以实现相对前进方向的任意方向转向游动。作为水下仿生智能机器人的一个分支，仿生机器水母的研究具有重要的意义和广泛的应用前景：

(1)有助于理解和揭示水母的游动机理。

(2)解决水下机器人结构设计及密封等问题，为研制新型水下航行器提供技术基础。

(3)机器水母具有平稳和灵活的特点，可以搭载对平稳性要求较高的传感器，可以作为水下侦察、环境监测、水下作业的载体。

(4)机器水母可用于科普教育和展览,加深公众对仿生学和机器人技术的了解和认识。

6.2　机械系统设计

　　本章旨在设计一种在水中自由游动的机器水母，采用无线控制方案，能量源、动力源、控制器、无线信号接收器、传感器等均内置在机器水母体内，这样机器水母就是一个自治的系统，对于走向实用性具有重要意义。

　　图 6.1 给出了机器水母的机构设计图。机器水母流线型的刚性头部外壳及刚性的下壳体用于放置电源模块、控制模块、无线通信模块、驱动源，动力传动机构用于将舵机提供的动力输出。为了实现模仿水母腔体收缩和舒张过程，本章设计了基于多连杆机构的推进机构，将四个多连杆机构呈中心对称地分布在机器水母中心线四周，通过一圈橡胶外皮黏附在所述的四个多连杆执行机构及下壳体上，从而形成一个密闭的腔体。多连杆机构的运动带动外皮收缩和舒张从而实现仿水母式喷射推进。此外，为了增加三维空间的机动能力，第二版水母在机构设计中增加了重心调节机构，以调整游动时的三维姿态。

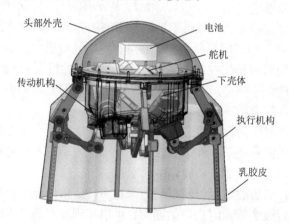

图 6.1　机器水母机构设计图

6.2.1　执行机构设计

　　综合考虑实际腔体空间大小、输出轴的位置等因素，本节设计了基于六连杆原理的机器水母腿部执行机构，如图 6.2 所示。

　　根据机械原理的知识，机构具有确定运动的条件是：机构自由度必须大于零；机构原动件的数目必须等于机构自由度数目。平面机构自由度的计算公式为

$$F = 3n - 2P_L - P_H \tag{6.1}$$

式中，F 为机构的自由度；n 为该机构活动构件总数；P_L 为该机构中低副的数目；P_H 为该机构中高副的数目。

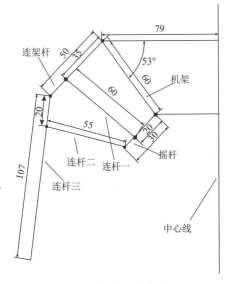

(a)六连杆机构原理图

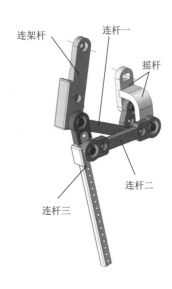

(b)六连杆机构图

图 6.2 基于六连杆原理的机器水母腿部执行机构图

图 6.2 所示的六连杆机构中，$n=5$，$P_L=7$，$P_H=0$，由式(6.1)可得 $F=1$，故该机构具有一个自由度，而摇杆作为唯一的原动件，所以该六连杆机构具有确定的运动。具体地，连架杆和连杆三构成机器水母腔体薄膜的截面形状，摇杆的往复摆动通过连杆一和连杆二带动连架杆和连杆三往复摆动，六连杆机构实现了摇杆的小范围摆动传递到连架杆和连杆三的大幅度摆动，从而使由橡胶外皮组成的腔体在压缩的过程中可以排出更多的水，使机器水母获得更大的推进力。合理的层次分布、连杆形状和连接方式的设计使其占有尽可能小的空间，并且使连杆三的摆动平面正好通过机器水母的中心线，为更好的运动控制策略提供了结构基础。各连杆之间通过轴承铰接，轴和轴承套的分离设计，可以在不用拆卸轴承的前提下方便地变换连杆长度。

6.2.2 力传动机构设计

在综合考虑空间占用、推进机构位置和舵机输出轴位置的情况下，本节设计了基于锥齿轮传动的动力传动方案。锥齿轮传动实现了改变输出转矩方向的作用，通过合理的配置将舵机输出的往复回转运动传递给推进机构中摇杆的往复摆动。本节采用了参数完全相同的四对锥齿轮进行动力的传输，并且传递相互垂直的旋转运动，故分度圆锥角均为 45°。机器水母的动力传动机构一共有四个，同样呈中心对称地分布在机器水母中心线四周，将运动分别传递给四个连杆机构。这样动力源、动力传动机构和执行机构组成了如图 6.3 所示的核心运动机构。舵机的输出轴将往复旋转运动传递给主动轴，然后通过一对锥齿轮将往复旋转运动传递给从动轴，从动轴带动执行机构的摇杆摆动，从而将摆动传递给连架杆和连杆三，最终实现预定的运动。

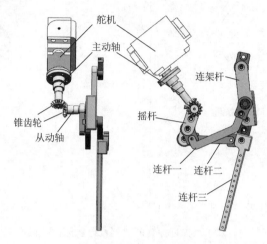

图 6.3　核心运动机构

6.2.3　重心调节机构设计

为增加机器水母三维机动能力，我们在第二版水母设计中增加了重心调节机构，见图 6.4。该重心调节机构的原理是通过调节两枚配重块的空间位置及两配重块之间的相对位置，实现对机器水母自身重心的调节。由于重心调节机构的质量相对于其他部分的比重较大，所以机器水母的重心变化主要取决于重心调节机构的重心变化，从而实现重心调节。

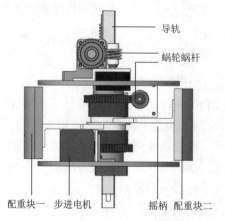

图 6.4　重心调节机构设计及实物图

重心调节机构可以实现重心的三维球面变化，从而使机器水母的位姿变化多样。下面以重心调节机构的竖直状态为例进行介绍，此状态下两个配重块成中心对称，重心落在中心轴上，中间的导轨既起到了将整个重心调节机构固定在主壳体之中，又实现了使重心调节机构依靠齿轮与齿条在导轨上运动的功能。两个配重块的上下运动可以使重心进行竖直变化。其中，上下运动是依靠上端的步进电机通过蜗轮蜗杆的运动转向实现，同时蜗轮蜗杆的另一个作用是实现重心调节机构上下位置的自锁，使整个机构在断电的情况下不至于自由运动而对机器水母主壳体造成损伤。

下面给出重心调节机构的仿真实验。机器水母可以看作由两个主要部分组成：重心调节机构与除重心调节机构以外的主壳体部分，所以机器水母的重心由这两个部分重心的矢量和所决定。重心调节机构对重心的影响主要取决于两个铜质配重块，这两个配重块可以绕着中心导轨自由旋转，约束条件是两个配重块之间的夹角必须大于 60°，以防两个配重块撞在一起导致步进电机发生堵转。当配重块只水平运动时，如果设置一条起始线，那么两个配重块的重心可以表示为

$$\boldsymbol{b}_1 = [l\sin\phi \quad h \quad l\cos\phi]^{\mathrm{T}} \tag{6.2}$$

$$\boldsymbol{b}_2 = [l\sin\psi \quad h \quad l\cos\psi]^{\mathrm{T}} \tag{6.3}$$

重心调节机构的水平重心可以表示为

$$\boldsymbol{b}_{\mathrm{ho}} = \begin{bmatrix} \dfrac{l(\sin\phi+\sin\psi)}{2} \\ \dfrac{l(\cos\phi+\cos\psi)}{2} \end{bmatrix} \tag{6.4}$$

式中，h 为配重块所在横截面的垂直轴坐标；l 为配重块与摇柄共同体的重心坐标到导轨中心线的距离；ϕ 与 ψ 分别为起始线与两摇柄中心线之间的夹角。

要计算整个机器水母重心，只需将式(6.4)中的水平重心坐标与机器水母外腔的重心坐标进行矢量计算。机器水母外腔体的重心坐标表示为

$$\boldsymbol{b}_{\mathrm{ve}} = [0 \quad f \quad 0]^{\mathrm{T}} \tag{6.5}$$

整个机器水母的重心坐标为

$$\boldsymbol{b}_{\mathrm{ho}} = \begin{bmatrix} \dfrac{l(\sin\phi+\sin\psi)}{2} \\ \dfrac{hm_1+fm_2}{m_1+m_2} \\ \dfrac{l(\cos\phi+\cos\psi)}{2} \end{bmatrix} \tag{6.6}$$

式中，m_1 和 m_2 分别是重心调节机构的总质量和机器水母外腔体的质量；f 是机器水母外腔体重心的 y 坐标。

通过在 MATLAB 软件中仿真与计算，重心的变化轨迹与浮心的关系如图 6.5 所示。可见，机器水母的重心变化轨迹完全包裹着浮心。在竖直方向，重心偏离浮心的最大距离为 16mm，水平方向为 64mm，这样的最大偏离距离足以使机器水母的姿态在球面轨道上自由变换。

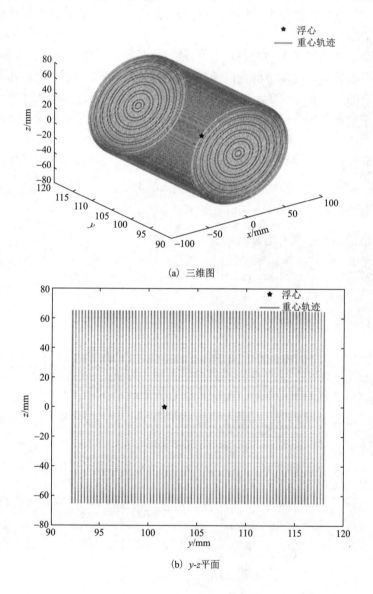

(a) 三维图

(b) y-z 平面

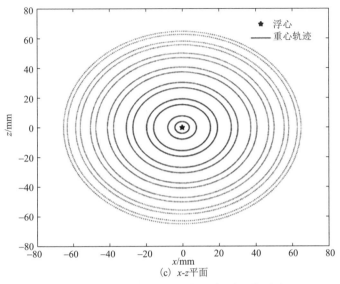

(c) x-z平面

图 6.5 机器水母重心变化轨迹与浮心关系图

6.2.4 壳体及密封设计

由于机器水母腔体内部需要搭载电源、控制电路板、舵机、传感器等，它们无法裸露在水中工作，所以防水密封极其重要。在保证能够组装机器水母各零部件的前提下，将壳体分成头部外壳和下壳体两个主要部分。机器水母头部是在前进过程中承受阻力的主要部位，头部形状的设计对于减阻机制具有重要意义，因此，我们设计了具有流线型外表面的中空头部外壳，流线型的表面保证了水从表面流过时阻力尽可能小。

机器水母的头部外壳及下壳体的顶部采用O形圈通过螺钉安装密封，见图6.6。同理，下壳体的底部也通过O形圈与齿轮箱体通过螺钉安装密封，O形圈是用于静连接下的密封措施。如图6.7所示，齿轮箱体与从动轴之间是动密封的关系，采用了内包骨架唇形密封圈的动密封件，防止水从齿轮箱体的从动轴周围进入壳体内部。

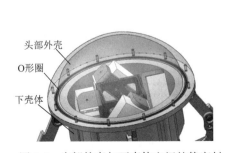

图 6.6 头部外壳与下壳体之间的静密封

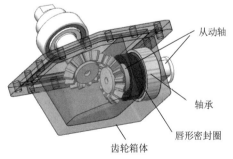

图 6.7 齿轮箱体与从动轴之间的动密封

6.2.5 样机加工

三维设计完成之后，经过仿真分析，验证了结构设计的可行性，然后绘制了零部件的工程图纸，确定各个零部件的材质及相关参数，进行机械加工和原材料采购。机器水母的零部件选型要综合考虑各部件之间的连接、周围的介质、结构刚度等因素，包括加工件、标准件等。机器水母壳体采用 ABS 塑料制作而成，其他非受力部件采用硬铝合金加工而成，受力部件采用 40Cr 合金钢，具体选型结果如表 6.1 所示。

表 6.1 机器水母零部件选型

名称	材料(尺寸)	数量
头部外壳	ABS 塑料	1
下壳体	ABS 塑料	1
齿轮箱体	ABS 塑料	1
主动轴	40Cr 合金钢	4
从动轴	40Cr 合金钢	4
锥齿轮	40Cr 合金钢(模数 1, 齿数 14)	4
铰接用小轴	40Cr 合金钢	24
铰接用轴承	不锈钢(5mm×10mm×4mm)	24
传动轴用轴承	不锈钢(8mm×16mm×5mm)	24
唇形密封圈	内包骨架氟橡胶(8mm×14mm×5mm)	4
上下壳体用 O 形圈	硅橡胶(线径 3.1mm)	1
下壳体齿轮箱体用 O 形圈	硅橡胶(线径 1.9mm)	4
螺钉	不锈钢(若干型号)	若干
外皮	乳胶(厚 0.4mm)	1
其他杆件等零件	铝合金	若干

最终制作完成的机器水母样机如图 6.8 所示。外皮通过强力胶水粘贴在执行机构四周组成腔体。样机制作完成后，入水测试并配重，使重力与浮力基本相同，同时初始状态的机器水母应该是头朝上的竖直状态，因此，还使机器水母的浮心在重心的正上方。机器水母的技术参数如表 6.2 所示。

图 6.8　机器水母样机

表 6.2　机器水母的技术参数

技术参数	第一版	第二版
直径	174mm	242mm
高度	约 206mm	约 558mm
质量	约 2.1kg	约 8.2kg
驱动器	HS-7980TH 舵机	HS-7980TH 舵机，步进电机
通信模块	RF200（433MHz）	RF200（433MHz）
传感器	压力传感器，惯导系统	压力传感器，惯导系统
电池组电压	7.4V	7.4V

6.3　电控系统设计

机器水母控制系统共分两大部分，以 PC 为核心的上位机负责发起控制指令，并将接收到的下位机信息显示到上位机的控制软件操作界面之上；以 STM32F407VG 为核心的下位机负责接收上位机发送来的控制信号，控制机器水母四个执行器件的运动，并将采集的传感器信号处理后传送给上位机进行显示。上位机与下位机通过无线射频模块进行通信。

上位机控制软件主要依靠 Microsoft Visual Studio 内的 MSComm 控件编写而

成，主要的任务是控制四台数字舵机以完成机器水母速度的变化、控制三台步进电机以完成配重块的手动控制位配置、运行姿态控制算法、发出水母的位姿状态指令，以及显示下位机发送的陀螺仪俯仰、偏航、横滚和角速度等信息。

下位机的组成比较复杂，以单片机核心板为中心，由三轴步进电机驱动器、DC-DC 升压模块、上拉电路及射频无线收发模块、39 步进电机和数字舵机组成。

6.3.1　控制系统硬件设计

考虑到工作的可靠性和可扩展性，我们采用了 ARM-Cortex-M4 的 STM32F407VG 主控芯片来搭建机器水母的控制系统。该芯片为 32 位处理器，集成度高、性能强劲、功耗低、成本低、易于使用，具有丰富的内部资源和外设接口。5 组通用输入输出引脚同时具有丰富的复用功能，满足了机器水母的控制需求及将来的扩展需求。

控制系统框图如图 6.9 所示。控制模块采用无线串口模块实现上位机和机器水母的信号交互，传感器模块采用了姿态传感器，用于返回机器水母姿态信息并且作为一个反馈控制量，控制模块会通过姿态传感器返回的姿态参数实现相应的运动控制。

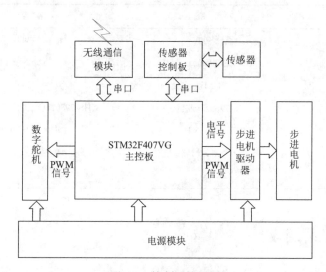

图 6.9　控制系统框图

采用 Altium Designer 软件进行电路原理图绘制，并设计 PCB。STM32F407VG 引出了：十路 PWM 接口，用于输出舵机控制信号、步进电机控制信号及其他需要用到定时器的输出；两路 I2C 接口，一路用于湿度传感器，一路用于将来扩展；一路 ADC 接口，用于接收 ADC 数据；一路 SWD 接口，用于核心芯片编程；四路串口，用于无线通信模块、传感器信息的接收与发送。由于舵机的工作电压为

7.4V，所以电路供电电压确定为7.4V。而核心芯片的额定电压为3.3V，所以电路中使用了目标电压为3.3V的变压器芯片，同时无线通信模块等外设的工作电压为5V，故还采用了目标电压为5V的变压器芯片。电路中还分别引出了三路5V和3.3V的供电接口，用于扩展外设的供电。

6.3.2 软件系统设计

机器水母内部放置主控板和传感器处理板，传感器处理板通过串口将数据发送给主控板，同时也将传感器信息通过无线通信模块RF200发送给上位机。主控板通过无线通信模块RF200与上位机之间通信，上位机则通过RF200接收机器水母运行时的数据并发送控制命令。下位机主要是对主控芯片的编程，使其完成指定的功能；上位机则监视机器水母运行状态，并随时可发送给下位机调整指令，如图6.10所示。

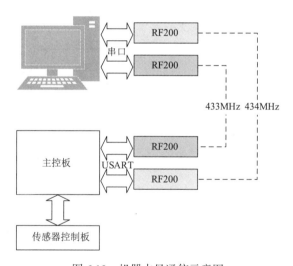

图 6.10　机器水母通信示意图

上位机控制界面采用 MFC 编写，主要用于人性化地显示机器水母的运行状态及发送控制命令。具体地，采用了 PC 的两个通信端口，分别对应控制命令收发口和传感器数据接收口。显示区域可以看到发送命令的说明和显示机器水母反馈的数据。速度控制和运动模态切换都可以通过控制台按钮实现。姿态传感器数据经过后台解析将俯仰角、横滚角和偏航角实时显示在控制面板上，并通过控制面板的按钮控制姿态传感器的重新标定等功能。

下位机程序主要利用了芯片的各种中断功能完成各种信号的接收，以及舵机和步进电机的控制。PWM信号是由芯片的定时器工作在 PWM 模式实现的，在定时器中断程序中修改 PWM 波及控制参数等信息。接收上位机信号及传感器信息是芯片的串口实现的，在串口中断程序中解析上位机命令及传感器信息，并做出相应的操作。

6.4　多模态运动控制

6.4.1　机器水母振荡器

通过观察生物水母的运动，发现水母运动分为两个过程，腔体收缩过程和舒张过程，即对应的喷水过程和吸水过程，并且这两个过程的速度是不一样的。收缩过程迅速收缩，将腔体内的水射出；舒张过程相对较慢，将水吸入腔体。

本节模仿生物水母的运动特点，提出了一种基于三角波的振荡器。机器水母舵机控制信号曲线如图 6.11 所示，定义舵机转动方向时机器水母腔体收缩为负方向，舒张为正方向，峰值正中间的角度为平衡位置，即舵机运动的初始位置。

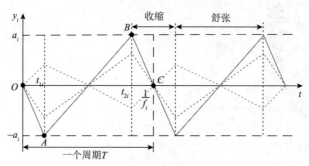

图 6.11　机器水母舵机控制信号

假设舒张过程速度为 k_i，收缩行程的速度是舒张过程的 α_i 倍，振荡器频率为 f_i，振荡器幅值为 a_i，则第 i 个振荡器从初始位置开始一个周期的方程可以描述为

$$y_i = \begin{cases} -\alpha_i k_i t, & 0 \leqslant t < t_{1i} \\ k_i t + b_{1i}, & t_{1i} \leqslant t < t_{2i} \\ -\alpha_i k_i t + b_{2i}, & t_{2i} \leqslant t < \dfrac{1}{f_i} \end{cases} \tag{6.7}$$

式中，$i = 1, 2, 3, 4$；y_i 为机器水母第 i 个肢舵机的输出角度。

根据收缩过程和舒张过程的速度关系，可以得到如下方程：

$$t_{2i} + t_{1i} = \frac{1}{f_i} \tag{6.8}$$

$$t_{2i} - t_{1i} = \alpha_i \times 2t_{1i} \tag{6.9}$$

解得

$$t_{1i} = \frac{1}{2(\alpha_i + 1)f_i} \tag{6.10}$$

$$t_{2i} = \frac{2\alpha_i + 1}{2(\alpha_i + 1)f_i} \tag{6.11}$$

将图 6.11 中的特征点 $A(t_{1i}, -a_i)$、$B(t_{2i}, a_i)$、$C(1/f_i, 0)$ 代入式 (6.7) 得

$$-a_i = -\alpha_i k_i t_{1i} \tag{6.12}$$

$$-a_i = k_i t_{1i} + b_{1i} \tag{6.13}$$

$$a_i = k_i t_{2i} + b_{1i} \tag{6.14}$$

$$a_i = -\alpha_i k_i t_{2i} + b_{2i} \tag{6.15}$$

$$0 = -\frac{\alpha_i k_i}{f_i} + b_{2i} \tag{6.16}$$

由式 (6.10)～式 (6.16) 可得

$$k_i = \frac{2a_i f_i(\alpha_i + 1)}{\alpha_i} \tag{6.17}$$

$$b_{1i} = -\frac{a_i}{\alpha_i} - a_i \tag{6.18}$$

$$b_{2i} = -2a_i(\alpha_i + 1) \tag{6.19}$$

于是式 (6.7) 可以表示为

$$y_i = \begin{cases} -2a_i f_i(\alpha_i + 1)t, & 0 \leqslant t < t_{1i} \\ \dfrac{2a_i f_i(\alpha_i + 1)}{\alpha_i}t - \dfrac{a_i}{\alpha_i} - a_i, & t_{1i} \leqslant t < t_{2i} \\ -2a_i f_i(\alpha_i + 1)t - 2a_i(\alpha_i + 1), & t_{2i} \leqslant t < \dfrac{1}{f_i} \end{cases} \tag{6.20}$$

式 (6.17) 给出了三角波的主要参数 a_i、f_i、α_i、k_i 之间的关系，只要设置好其中的三个，就可以完全确定这个振荡器的输出。而振荡器的舒张速度 k_i、幅值 a_i 和收缩舒张速度比 α_i 在机器水母下位机程序中能够较容易的实现，故将这三个参数作为振荡器的输入，则

$$f_i = \frac{k_i \alpha_i}{2a_i(\alpha_i + 1)} \tag{6.21}$$

振荡器的输出采用微分法获得

$$\dot{y}_i = \begin{cases} -\alpha_i k_i, & 0 \leqslant t < t_{1i}, \ t_{2i} \leqslant t \leqslant \dfrac{1}{f_i} \\ k_i, & t_{1i} \leqslant t < t_{2i} \end{cases} \tag{6.22}$$

为了保证机器水母四肢运动的一致性和协调性，将四肢振荡器的某些参数加以限制，即四肢的振动频率一致，每一个对应过程的时间一致：

$$f_1 = f_2 = f_3 = f_4 = f \tag{6.23}$$

$$t_{11} = t_{12} = t_{13} = t_{14} = t_1 \tag{6.24}$$

$$t_{21} = t_{22} = t_{23} = t_{24} = t_1 \tag{6.25}$$

通过式(6.10)、式(6.11)及式(6.23)～式(6.25)可得

$$\alpha_1 = \alpha_2 = \alpha_3 = \alpha_4 = \alpha \tag{6.26}$$

通过式(6.21)、式(6.23)、式(6.26)可得

$$\frac{k_1}{a_1} = \frac{k_2}{a_2} = \frac{k_3}{a_3} = \frac{k_4}{a_4} \tag{6.27}$$

故机器水母四个肢振荡器参数之间应满足式(6.26)和式(6.27)。由此也可以看出，四肢在非零输出状态时是相互线性相关的，即

$$v_j = \lambda_{ji} v_i \tag{6.28}$$

式中，$\lambda_{ji} (i = 1, 2, 3, 4; \ j = 1, 2, 3, 4)$ 为线性相关系数。

当机器水母的中轴线在水平方向时，将机器水母的四肢进行编号命名，四肢从任意一肢开始按顺时针顺序编号，如图 6.12 所示。四肢的输出三角波信号的空间关系如图 6.13 所示。

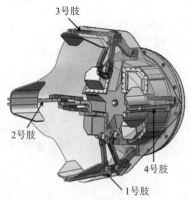

图 6.12　机器水母四肢编号

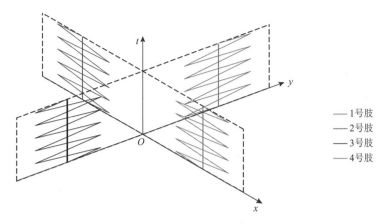

图 6.13　机器水母的四肢振荡器空间关系(见书后彩图)

6.4.2　控制参数设定

根据机器水母喷射推进模型和划桨模型的受力特点并结合振荡器参数约束条件式(6.26)和式(6.27)，本章对直游、转弯、浮潜等运动模态进行了参数化处理，运动模态与控制参数 α_i、a_i、k_i ($i = 1, 2, 3, 4$)之间的关系如表 6.3 所示。

表 6.3　运动模态对应的控制参数取值范围

运动模态	a_i ($i=1,2,3,4$)	a_i ($i=1,2,3,4$)	k_i ($i = 1, 2, 3, 4$)
直游	>1	$a_1 = a_2 = a_3 = a_4 > 0$	$k_1 = k_2 = k_3 = k_4 > 0$
左转	>1	$a_4 > 0, a_j \geq 0$ ($j = 1,2,3$)	$k_4 > 0, k_2 \leq 0, k_1 = k_3 \geq 0$
右转	>1	$a_2 > 0, a_j \geq 0$ ($j = 1,3,4$)	$k_2 > 0, k_4 \leq 0, k_1 = k_3 \geq 0$
上浮	>1	$a_3 > 0, a_j \geq 0$ ($j = 1,2,4$)	$k_3 > 0, k_1 \leq 0, k_2 = k_4 \geq 0$
下潜	>1	$a_1 > 0, a_j \geq 0$ ($j = 2,3,4$)	$k_1 > 0, k_3 \leq 0, k_2 = k_4 \geq 0$

注：$k_1/a_1 = k_2/a_2 = k_3/a_3 = k_4/a_4$　($a_i \neq 0$)或 $a_i = k_i = 0$ ($i = 1,2,3,4$)。

直游模态的实现同时利用了喷射推进模型和划桨模型，转弯和浮潜模态的实现只利用了划桨模型。但是机器水母在水平状态下的转弯运动和浮潜运动的原理存在一些差别。转弯运动是划桨模型产生的转矩绕重力作用线的转动，如图 6.14 为左转运动示意图。而浮潜运动是划桨模型产生的转矩，不会产生旋转运动，因为旋转会使重力和浮力产生反向转矩阻止旋转，而产生斜向上或斜向下的运动。图 6.15 给出了下潜运动示意图。

从表 6.3 中可以看出，转弯和浮潜运动模态参数之间存在重叠，理论上说明了运动模态的多样性。为了单独验证各种运动模态，本章设定了一组特定的控制参数。根据舵机转动的最慢速度4.5°/s，引入了另一个控制参数——速度等级sl，表征机器水母驱动器振动速度的快慢。sl越大表示振动速度越快，可以作为控制程序中的一个变量。

$$k_i = 4.5\text{sl}(°/s), \quad 1 \leqslant \text{sl} \leqslant 18 \tag{6.29}$$

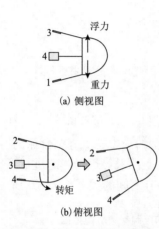

图 6.14　机器水母左转运动示意图

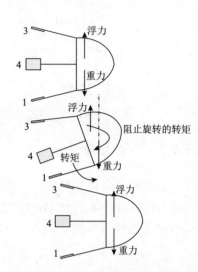

图 6.15　机器水母下潜运动示意图

6.4.3　多模态运动实验

在机器水母配置成竖直状态时，即重心和浮心都在中轴线上并且浮心在重心的上方，重力略大于浮力，使机器水母可以自由沉入水底。实验在1.8m×1m×0.65m的水缸中进行。本实验所使用的控制参数取值为

$$\alpha_i = 2, \ a_i = 25.65°, \ k_i = 45°/s, \ \text{sl} = 10, \ f = 0.585\text{Hz}, \quad i = 1,2,3,4 \tag{6.30}$$

图6.16给出了机器水母竖直上升实验截图。图6.17给出了机器水母竖直上升实验位移曲线，每0.1s计算一次平均速度得到如图6.18所示的速度数据，对速度数据点进行10次多项式插值得到平滑的速度曲线。本实验的速度曲线可以清晰地反映机器水母间歇性的运动特点，速度升降交替进行，其根本原因就是喷射推进模型存在收缩和舒张两个过程。收缩过程产生推力使机器水母加速，舒张过程机器水母在流体阻力和重力的作用下减速。

图 6.16 机器水母竖直上升实验截图

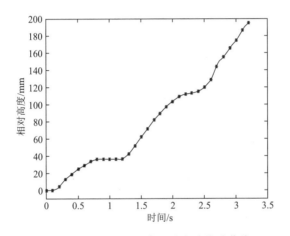

图 6.17 机器水母竖直上升实验位移曲线

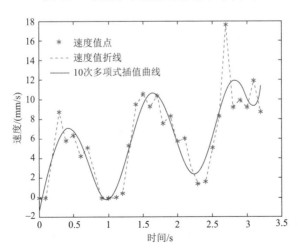

图 6.18 机器水母竖直上升实验速度曲线

以下实验均在机器水母为水平状态下进行，即重力和浮力作用线与机器水母中轴线相互垂直。

在机器水母前进实验中，我们使用的控制参数为

$$\alpha_i = 2, a_i = 25.65°, k_i = 4.5\text{sl}(°/\text{s}), f = \frac{\text{sl}}{17.1}, \quad i = 1, 2, 3, 4 \quad (6.31)$$

在不同的速度等级 sl 下，本章对机器水母速度进行了测定，得到的实验数据如表 6.4 所示。机器水母水平前进速度与驱动器振动频率的关系曲线如图 6.19 所示。从图中可以看出，机器水母前进的速度与振动频率并不是线性相关的，而是在中间频率 0.94Hz 附近达到最大前进速度 92.5mm/s。分析原因为：液体中的物体受到的压差阻力与物体速度平方成正比，当速度越来越大时，机器水母产生的压差阻力增长的速度比动力增长快。

表 6.4　前进运动实验数据

速度等级 sl	振动频率 f/Hz	前进 600mm 所用时间/s			平均速度/(mm/s)
		实验 1	实验 2	实验 3	
6	0.351	14.78	14.51	14.18	41.4
8	0.468	10.68	10.91	11.25	54.8
10	0.585	9.48	9.85	9.8	61.8
12	0.702	9.66	9.73	9.76	61.8
14	0.819	7.28	7.23	7.32	82.5
16	0.936	6.11	6.81	6.58	92.5
18	1.053	6.75	6.48	6.98	89.2

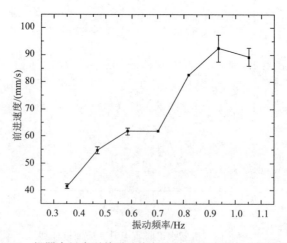

图 6.19　机器水母水平前进速度与驱动器振动频率之间的关系

6.5 姿态镇定控制

6.5.1 基于强化学习的姿态控制器设计

通过智能体与环境之间的交互进行学习，智能体可以在不确定性条件下实现具体的学习目标。由于强化学习采用人类和动物学习中的试错机制，强调在与环境的交互中学习，而且其学习过程仅要求获得评价性反馈信号，并以极大化未来回报为目标，因此强化学习在解决动态环境的优化决策问题中更具吸引力。

Sutton 等[13]提出使用强化学习问题(reinforcement learning problem)这一概念来概括通过交互实现学习目的的学习问题。其定义如下：

假设智能体与环境的交互发生在一系列离散时刻 $t = 0, 1, 2, \cdots$。在每个时刻 t，智能体得到环境状态 $s_t \in S$，其中 S 为可能状态集；然后据此选择一个动作 $a_t \in A(s_t)$，其中 $A(s_t)$ 为状态 s_t 下的可能动作集。在下一时刻 $t+1$，智能体接收到一个回报 $r_{t+1} \in R$，其中 R 是实数集；并进入一个新状态 $s_{t+1} \in S$。学习的目标是确定一个最优策略 $\pi:S \times A \to [0,1]$，其中 $A = \bigcup_{s_t \in S} A(s)$，使得智能体获得的回报总和最大(或最小)：

$$\sum_{t=0}^{\infty} \gamma^t r_t \tag{6.32}$$

式中，γ 为折扣因子，$0 < \gamma < 1$。

根据定义可知，强化学习问题包含如下基本元素：

(1)智能体：学习者和决策者。

(2)环境：智能体之外的一切与之交互的元素。智能体与环境之间的交互是持续进行的，智能体选择动作，然后环境对该动作做出反应并通过传感器将新的状态传递给智能体。

(3)策略：智能体在给定状态下的行为方式，直接决定智能体的动作，是强化学习问题的核心。简单地说，策略 π 就是智能体在每个状态 s_t 下，选择动作 $a(s_t)$ 的方法。

(4)回报函数：将环境状态(或状态-动作对)映射到某个标量回报值，作为对产生动作好坏的一种即时评价。回报函数产生的标量回报值称为即时回报，而强化学习的目的是使智能体最终得到的回报和最大。

(5)评价函数：智能体对可能获得的回报和的估计，直接用于选择和改进智能体的策略。评价函数存在两种类型：值函数 $V(s)$ 确定了从某一状态出发按照某种策略选择行为所获得的期望回报及其值的大小；Q 函数(也称状态-动作对值函

数)$Q(s,a)$则确定了从某一状态-动作对出发，按照某种策略选择行为所获得的期望回报和大小。它们分别定义为

$$V(s) = E\left[\sum_{t=0}^{\infty} \gamma^t r_t \mid s_0 = s\right] \tag{6.33}$$

$$Q(s,a) = E\left[\sum_{t=0}^{\infty} \gamma^t r_t \mid s_0 = s, a_0 = a\right] \tag{6.34}$$

(6)环境模型：智能体对环境状态转移以及回报的估计，属可选选项。

Q 学习算法是 Watkins 提出的一种模型无关强化学习方法，可用于求解马尔可夫决策过程(MDP)的最优值函数和最优策略[14,15]。由于 Q 学习算法无须环境模型并且在一定条件下能够保证收敛，因此成为强化学习中应用最为广泛的一种算法，并在机器人控制领域得到了广泛的研究[16]。

Q 学习算法的提出源于人们对智能体学习过程的思考。智能体学习的目的是获取最优策略 $\pi^*:S{\rightarrow}A$。由于不存在$<s, a>$类型的训练样本，直接学习函数 π^*非常困难，唯一可用的信息是环境给出的即时回报序列 $r(s_i, a_i)$，$i=0,1,2,\cdots$。为此，定义一个基于状态-动作对(s, a)的评价函数 $Q_t(s, a)$（称为 Q 函数，其中 $s \in S, a \in A$），其值是从状态 s 出发并使用 a 作为其第一个动作时的最大折扣回报和。换言之，$Q_t(s, a)$的值是在状态为 s 时执行动作 a 得到的即时回报加上之后遵循最优策略 π^* 的折算值，即

$$Q_t(s,a) = r(s,a) + \gamma V^*(\delta(s,a)) \tag{6.35}$$

式中，$\delta(s,a):(S,A){\rightarrow}S$ 是状态转移函数，表示在状态 s 时执行动作 a 得到的新状态；$V^*(\delta(s,a))$是状态 $\delta(s,a)$的最优值函数。这样，最优策略便可写为

$$\pi^*(s) = \arg\max_a Q_t(s,a) \tag{6.36}$$

式(6.36)的最优策略反映了状态 s 所对应的最优动作。显然，如果智能体具有即时回报 $r(s, a)$ 和状态转移函数 $\delta(s, a)$ 的完美知识，那么很容易根据式(6.35)和式(6.36)找到最优策略。遗憾的是，在许多实际问题中，比如机器人控制，智能体及其程序设计者都不可能预先知道即时回报和状态转移函数的完美知识。

为了解决这一问题，Watkins 通过迭代逼近的方法在即时回报序列基础上估计状态的最优值函数[14]，即令

$$V^*(s) = \max_{a'} Q_t(s,a') \tag{6.37}$$

式中，a'是在状态 s 下的可用动作集。

这样，式(6.35)可重写为

$$Q_t(s,a) = r(s,a) + \gamma \max_{a'} Q_{t-1}(\delta(s,a),a') \qquad (6.38)$$

该函数的递归定义提供了迭代逼近 Q 学习算法的基础。

式 (6.36) 和式 (6.38) 表明，为了找到最优控制策略，智能体只需要考虑当前状态 s 下的每个可用动作 a，并从中选择使 $Q_t(s,a)$ 最大的动作即可。只需对当前状态的局部 Q 值重复做出反应，便可以选择得到全局最优的动作序列，这意味着智能体不必进行前瞻性搜索，无须明确地考虑执行该动作所得到的新状态，便可以选择得到最优动作。这正是 Q 学习算法的精髓所在。

通过对强化学习基本概念的介绍，可以得出如表 6.5 所示的强化学习问题与机器水母姿态控制问题的对应关系。除了评价函数之外，二者之间的术语均能够实现一一对应。

表 6.5　强化学习问题与机器水母姿态控制问题对应表

强化学习问题	姿态控制问题
智能体	机器水母闭环控制系统
环境	机器水母姿态角
策略	控制算法
回报函数	与目标姿态的距离
评价函数	—
环境模型	重心调节姿态模型

下面说明将强化学习算法应用到机器水母姿态控制中的可行性与优越性。强化学习是一种广泛意义上的学习方法，它并不特别针对某种具体的算法和某类控制对象。前面提到，通过适当选取状态变量，大多数实际工程问题都可以满足或近似满足 MDP 的条件，从而可以采用强化学习方法进行求解。对于机器水母来说，尽管它有着非常复杂的动力学特性和不确定性环境，但只要状态变量设置适当，其运动控制仍然满足 MDP 条件。例如，以俯仰控制为例，将状态变量设置为方向、俯仰角和俯仰角速率的组合，并将环境的不确定性作为外部扰动，则该偏航控制基本满足 MDP 条件，即近似满足 Markov 特性和时齐特性。机器水母的控制流程图及其游动状态与采取的控制策略详见图 6.20 和图 6.21。

从优越性方面来看，机器水母姿态控制的复杂性、强耦合和非线性，使传统控制方法的应用存在一定的困难，而且也难以通过对模型建立逆向运动学而得出控制算法，于是采用强化学习方法对其进行求解是一种自然且可行的研究思路。强化学习不依赖于对象的动力学模型，且能够通过与环境的直接交互来实现学习目标等特点，非常有利于机器水母姿态控制问题的解决。通过上面的分析我们可以对机器水母进行模型建立。因为机器水母竖直平衡状态至关重要，所以我们以机器水母竖直平衡状态姿态控制与镇定为例，并将水母重心调节机构配重块的运动、俯仰角等角度的变化等分别对应到强化学习的问题中，于是我们可以得到机器水母基于强化学习的姿态控制算法。

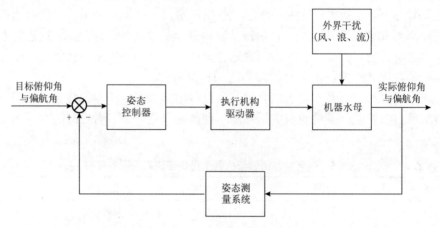

图 6.20　机器水母的控制流程图

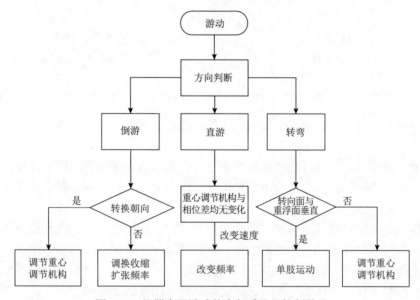

图 6.21　机器水母游动状态与采取的控制策略

6.5.2　强化学习模型仿真与分析

为了模仿真实水母姿态控制的过程，不仅需要将控制过程进行模拟，还需要将实际物理系统的运动也一同模拟出来。所以，下面将以机器水母的竖直平衡位置姿态控制为例，对强化学习系统进行模拟，竖直平衡位置为俯仰角为正 90°时机器水母的姿态，其他姿态的强化学习过程基本上一致，而且其他姿态的控制也是首先建立在机器水母平衡姿态基础上，所以平衡姿态的控制至关重要。机器水母姿态坐标系定义见图 6.22。

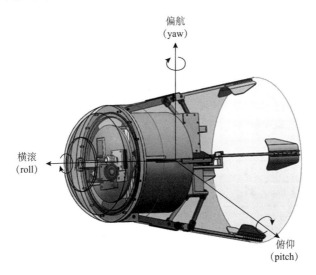

图 6.22　机器水母姿态坐标系定义(见书后彩图)

机器水母平衡状态的姿态控制一共需要四个主要过程，配重块运动导致重心与姿态变化过程、确定目前俯仰角所在状态块、确定采取的动作以及对状态与动作进行配置权重并且计算回报函数的强化学习过程。

以上四个主要过程中需要说明的是状态块，由于俯仰角的变化比较敏锐，所以在实际控制中如果采用各个角度作为状态量的话，状态的变化太过敏感，这对控制的强健性和鲁棒性来说并不是一个优点，所以我们采取状态块的概念，将俯仰角的变化范围，即 180°，平均分成 18 份，每一份为 10°，并将每一个 10°角称作状态块。只要俯仰角进入 80°到 90°的状态块，均认为机器水母实现了平衡状态。

仿真过程中，外界输入目标俯仰角与实际俯仰角的差值，只要最后差值落在距离零值 ±10°的状态块，即认为机器水母完成了平衡状态。因为平衡状态的目标俯仰角与实际状态的俯仰角最多差值为 180°，所以我们将外界输入目标角与实际角的差值边界定在了 +180°与 −180°之间。

实验证明，仿真实验中，水母平衡状态的强化学习控制系统是收敛的，即最终都可以在有限步数达到平衡状态，设定的代表性目标俯仰角及学习成功的步数见表 6.6。机器水母竖直平衡状态强化学习算法流程见算法 6.1。算法中 get box 函数的输入值为角度值，通过对角度空间的划分，得出所输入角度所在状态块，并返回。get action 的输入值为上一步动作的动作值及回报函数值。对回报函数的判断，如果回报函数值为正数，说明上一步动作有较高的参考价值，所以仍然采用上一步的动作并返回；如果回报函数值为负数，说明上一步的动作得到了惩罚，所以将采取不同于上一步的动作，并返回。

表 6.6　目标角度与实际角度之差对应的实现平衡的学习步数

目标角度−实际角度/(°)	学习步数/步
179	35
90	18
12	2
−12	1
−90	36
−179	失败 1 次，第二次 65 步

算法 6.1　机器水母竖直平衡状态强化学习算法

for each $i\in[1, N\_BOX]$ **do**
　initialize the weights（action weights w, critic weights v, action weight eligibilities e, critic weight eligibilities xbar）;
end for
initialize the origin box and pictch angle;
while （|box − MID| > 1）**do**
　steps++;
　get box;
　get action;
　Update e[box], xbar[box];
　Remember prediction of failure for current state;
　Apply action to the robotic jellyfish
　Get box of state space containing the resulting state
　for i=0; i<N_BOX; i++ **do**
　　Update all weights;
　　if failed **then**
　　　zero all traces;
　　else
　　　update or decay the traces
　　end if
　end for
　if box < 0 **then**
　　Failure occurred, reset all parameter;
　else
　　Reinforcement is（old box-new box）. Prediction of failure given by v weight;
　　Heuristic reinforcement = current reinforcement + gamma * new failure prediction - previous failure prediction
　end if
　if steps > MAX_STEPS **then**

Failure occurred;
       end if
   end while

6.5.3 实验分析

当机器水母完成水平直游时，需要俯仰角达到 0°，因此采用强化学习算法令重心调节模块自我调节以到达机器水母的目标姿态。此外，在游动过程中，机器水母四个肢部的舵机运动相位不能有差值，即四肢需要同步同距运动，如果出现相位差，则会使机器水母偏离航向，不能完成直游动作。图 6.23 给出了机器水母运动视频截图和水平游动过程中姿态角的变化，图中，G_x、G_y、G_z 分别表示 x、y、z 方向的加速度。可见，各个姿态角均无明显变化。

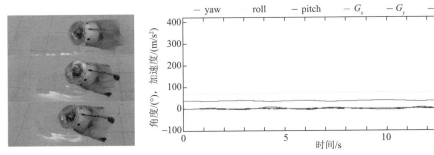

图 6.23　机器水母水平直游视频截图及姿态角变化曲线（见书后彩图）

机器水母完成水平转向运动，俯仰角同样需要达到 0°，因此，采用强化学习算法令重心调节模块进行自我调节以达到机器水母的目标姿态。此外，在游动过程中，机器水母四个肢部的舵机运动相位需要出现相位差，即四肢中需要一个肢部的运动幅度与其他三个肢部的运动幅度不同，这样在游动过程中，机器水母周边的水流形成的涡流不对称，就会使得机器水母在运动过程中航向向一个方向偏移，以完成水平转弯的动作。运动过程见图 6.24。

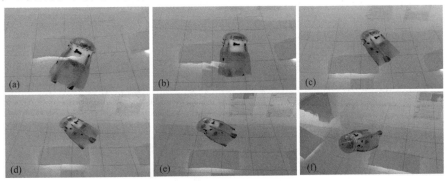

图 6.24　机器水母水平转向视频截图

图 6.25 为机器水母水平转弯姿态角变化曲线。从曲线可以看出，由于水母沿着水面水平游动，所以俯仰角为偏向 0° 的正角度，偏航角从初始偏航角平稳减小，由于偏航角的幅值范围为 0°~360°，所以当偏航角到达 0° 再继续变化时，偏航角跳变到 360° 后继续平稳变化。由于水母运动缓慢，所以各个角的加速度均在零值附近变化。

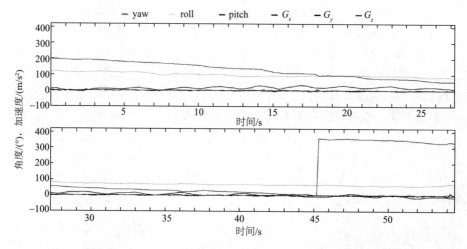

图 6.25　机器水母水平转弯姿态角变化曲线(见书后彩图)

通过图 6.25 可以看出，机器水母完成 100° 的转弯需要约 18s 的时间，所以转向角速度约为 5.6°/s。而且在图中可以看到，俯仰角并不是在 0° 位置，而是一个偏向 0° 的正角度，是因为如果机器水母身体姿态在标准水平的情况下，涡流的影响会造成机器水母不能沿着水面游动，进而出现水中浮潜抖动的情况，所以令机器水母的俯仰角为偏向 0° 的正角度是为了让机器水母可以在水面上贴水面进行游动。

机器水母完成竖直直游时，俯仰角需要达到 90°，所以需要运用强化学习算法对重心调节模块进行自我调节以达到机器水母最基本的状态，即竖直平衡状态。运动过程见图 6.26。图 6.27 为对应运动过程的姿态角变化曲线。通过观察曲线可以看出，前期机器水母保持了比较准确的竖直状态，所以在游动过程中，头部的晃动导致了偏航角巨大跳变。在竖直向上运动大概 10s 之后，机器水母的肢部运动出现相位差，于是头部开始偏向一侧，偏航角也在一个数值上达到了相对的稳定。大概 30s 的时间，机器水母触碰到水面，开始调节重心向沿着水面水平旋转运动，发现俯仰角开始从 90° 向 0° 减小，偏航角也开始进行变化。当旋转运动中偏航角到达 0° 的时候，与水平转向类似，偏航角跳变至 360° 之后继续平稳变化。

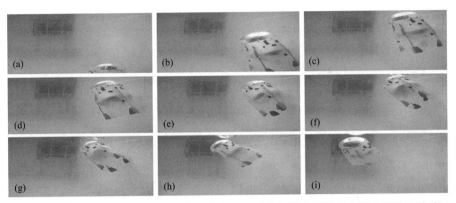

图 6.26 机器水母游动视频截图(先竖直直游,后改变姿态而沿着水面水平转向游动)

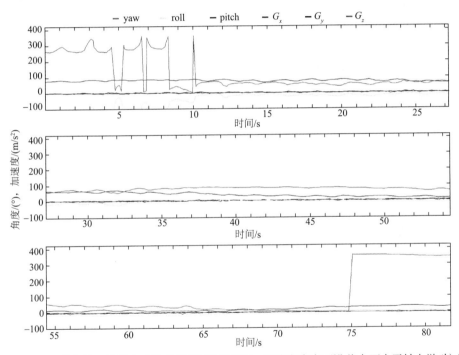

图 6.27 机器水母三维姿态变化曲线(先竖直直游,后改变姿态而沿着水面水平转向游动)(见书后彩图)

在图 6.28 中,机器水母的游动机理与上述的游动机理基本上一样,姿态的变化全部是通过重心调节模块的运动实现。具体游动过程是俯仰角先从竖直方向朝下转为水平状态,即俯仰角从负角度转为 0°附近,然后在水平方向直游,最后一个阶段完成水平转弯的动作。

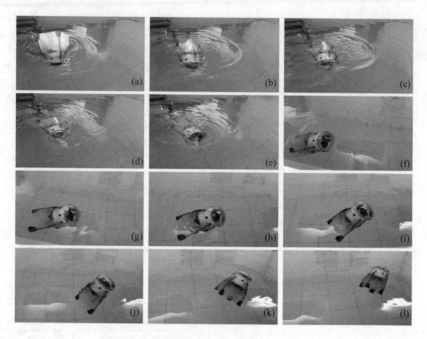

图 6.28　机器水母复合运动视频截图

　　图 6.29 为机器水母复合运动姿态角变化曲线，从曲线中可以很清晰地看出机器水母姿态的变化过程。俯仰角从负角度一直增加，直至最后变为头部稍向上倾斜的贴水面运动。偏航角在运动的开始部分保持相对不变，即机器水母保持朝固定方向游动，到后期机器水母肢部运动出现相位差，开始进行转弯运动，于是偏航角也开始平稳变化。

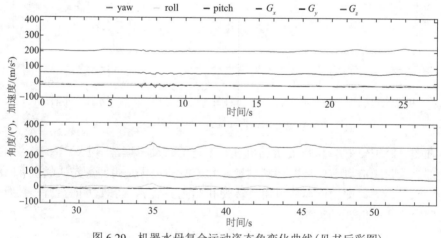

图 6.29　机器水母复合运动姿态角变化曲线(见书后彩图)

通过对以上实验图像的分析可以得出，机器水母转弯偏航角速度约为 5.6°/s，重心调节机构调节身体姿态的俯仰角速度约为 3.6°/s。

6.6 小结

本章围绕水母的喷射推进方式开展研究，给出了一种基于六连杆机构的仿生机器水母设计方案，搭建了其机电系统，完成了样机研制。同时，为了提高机器水母的三维机动能力，设计了重心调节机构，利用两块配重块的水平及竖直方向运动，改变机器水母的重心及浮心相对位置，实现其姿态调整。根据水母的运动特点，本章提出了一种基于三角波的机器水母振荡器，实现了机器水母的多模态运动控制。此外，提出一种基于 Q 学习算法的机器水母姿态控制强化学习算法，使得机器水母具有自主学习并自主完成姿态控制的能力，仿真及实验证明了该方法的有效性。

参 考 文 献

[1] Sfakiotakis M, Lane M D, Davies J B C, et al. Review of fish swimming modes for aquatic locomotion[J]. IEEE Journal of Ocean Engineering, 1999, 24(2): 237-252.

[2] Triantafyllou M S, Triantafyllou G S. An efficient swimming machine[J]. Scientific American, 1995, 272(3): 64-70.

[3] 王扬威, 王振龙, 李健. 仿生机器鱼研究进展及发展趋势[J]. 机械设计与研究, 2011, 27(2): 22-25.

[4] 喻俊志, 陈尔奎, 王硕, 等. 仿生机器与研究的进展与分析[J]. 控制理论与应用, 2003, 20(4): 485-491.

[5] 梁建宏, 王田苗, 魏洪兴, 等. 水下仿生机器鱼的研究进展 II: 小型实验机器鱼的研制[J]. 机器人, 2002, 24(3): 234-238.

[6] 苏宗帅. 仿生机器鱼高机动运动控制研究[D]. 北京: 中国科学院研究生院, 2012.

[7] 丁锐. 多模态仿生两栖机器人运动实现与行为控制[D]. 北京: 中国科学院研究生院, 2011.

[8] 胡永辉. 仿生机器鱼的设计与智能控制[D]. 北京: 北京大学, 2009.

[9] Yu J Z, Hu Y H, Fan R F, et al. Mechanical design and motion control of a biomimetic robotic dolphin[J]. Advanced Robotics, 2007, 21(3-4): 499-513.

[10] Yu J Z, Wang S, Tan M. Basic motion control of a free-swimming biomimetic robot fish[C]. IEEE Conference on Decision and Control, 2003(2): 1268-1273.

[11] Kato N, Inaba T. Control performance of fish robot with pectoral fins in horizontal plane[C]. IEEE International Symposium on Underwater Technology, 1998: 357-362.

[12] 王振龙, 李健, 杭观荣, 等. 生物喷水推进机理及其在仿生喷水推进装置中的应用[J]. 机器人, 2009, 31(3): 281-288.

[13] Sutton R S, Barto A G. Reinforcement Learning: An Introduction[M]. Cambridge: MIT Press, 1998.

[14] Watkins C J C H, Dayan P. Q-learning[J]. Machine Learning, 1992, 8: 279-292.

[15] Watkins C J C H. Learning from delayed rewards[D]. Cambridge: University of Cambridge, 1989.

[16] Asadpour M, Siegwart R. Compact Q-learning for micro-robots with processing constraints[J]. Journal of Robotics and Autonomous Systems, 2004, 48(1): 49-61.

7
两栖机器人多模态运动与行为控制

7.1 引言

两栖机器人是一种能在复杂水陆环境中工作的机器人系统，在民用和军事领域具有广阔的应用前景。在现有机器人技术研究基础上，从形态、结构、功能、控制等方面对生物原型进行模仿和学习，研制新型两栖机器人，不仅可以替代人完成水陆环境下的科学考察、环境监测等多种作业任务，而且可为近海两栖作战新概念武器设计提供新思路、新方法。

从"结构决定功能"的观点来看，采用何种推进机构将从根本上决定两栖机器人推进性能和环境适应能力的优劣。自然界丰富多彩的两栖物种为两栖机器人的研究和控制提供了灵感。两栖动物作为第一批登陆的脊椎动物，是脊椎动物进化史上从水生到陆生过渡的重要物种，具有水生脊椎动物与陆生脊椎动物的双重特性。它们既保留了鱼类祖先的一些重要特征，又获得了陆生脊椎动物的生活特性。受两栖类动物的启发，两栖机器人作为一种不同于地面移动机器人和水下机器人的新型推进器，综合了两者的优势，既具有地面移动机器人良好的爬行/行走机制，又具有水下推进器高速的推进性能，同时其良好的环境适应性和隐蔽性可为近海和港口地区的两栖侦察、探测、扫雷等军事化应用提供便利。

本章关注于两栖机器人多模态运动和行为控制方面的研究。主要工作内容集中在以下几个方面：①根据两栖机器人的运动步态和功能需求，提出了一种集地面仿轮式爬行、水中仿鱼/仿海豚式复合推进于一体的多模态运动推进方案；②对于两栖多模态运动控制，针对水陆不同的驱动机构和运动形式，提出了耦合液位传感反馈的 CPG 控制方法；③基于两栖机器人的自主避障控制，根据三个红外传感器采集到的障碍物距离信息，进行了细化分析，建立了避障模糊控制规则表，并对模糊控制输出进行聚类分析，将其结果耦合到振荡器幅值方程，提出了一种耦合红外传感反馈 CPG 的自主避障控制策略。

7.2　样机设计与运动步态分析

综合地面移动机器人和水下机器人的研究成果,本节设计了一种两栖机器人,其地面运动采用简单的仿轮式推进,水下推进采用仿鱼和仿海豚相结合的方式,其中以仿鱼推进为主,仿海豚推进为辅,并通过一个专门设计的转体机构实现仿鱼和仿海豚之间的切换,最终将这些运动形式集成在一起,构成一个紧凑完整的样机结构,利用多个控制面协调实现各种运动模式,并在此基础上探讨鱼类和海豚游动的推进机理。

7.2.1　样机设计

基于上述考虑,我们研制了两栖机器人的原理样机,其机构原理示意图如图 7.1所示。头部左右两侧对称的一对轮式机构由一对直流电机驱动,实现 360°范围内的连续旋转,与安装在机器人尾部的一对被动轮配合,驱动机器人实现平坦地面上的快速行进。按照模块化的设计思路,机器人身体部分采用多个模块化的仿鱼推进单元,可根据不同工作需求,对模块进行组合或增减,提高系统的柔性和可重构性,并增强可维护性。多个模块化的仿鱼推进单元配合尾部尾柄-尾鳍和头部一对能实现 360°转动(非连续)的胸鳍机构,其往复拍动完成水平面内的偏转运动,实现水下快速平稳的仿鱼推进。其中,胸鳍机构完成垂直平面内的拍动运动,当给胸鳍叠加一定的攻角偏移量时,可实现机器人在三维空间内的上升/下潜运动,有效地增强运动的灵活性。

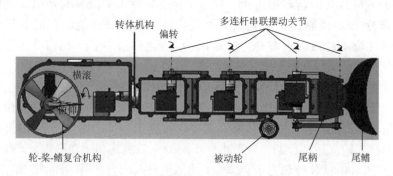

图 7.1　两栖机器人机构原理示意图

为将仿鱼和仿海豚推进集成在一起,我们设计了一种特殊的转体机构,如图 7.2所示,即通过头部后侧的一个伺服舵机输出轴连接至第一个模块化仿鱼推进单元,当转体舵机顺时针/逆时针旋转90°时，完成翻滚运动（roll），带动身体及尾部各个单元同时旋转，从而将水平面内的偏转运动(yaw)切换为垂直平面内的俯仰运动(pitch)，实现了仿鱼运动到仿海豚运动的切换，反之亦然。具体地，将自设计的离合器通过锡焊固接在密封套件上，离合器上对称分布的两根细轴分布在舵机输出轴两侧，刚好与第一个箱体前端的两个额外小孔配合，加上舵机输出轴与箱体的配合，三个小孔的定位使得线连接取代了原先的点连接，冗余配合极大地减小或消除了配合间隙，增强了头箱与身体连接的可靠性，克服了转动过程中出现的端面不平行等问题，同时把推进机构的重量分散到头箱体上，极大地减小了转体轴的摩擦扭矩负荷，顺利完成仿鱼和仿海豚运动的自由切换。具体实物连接见图 7.2（b）。

(a) 转体卸荷机构 　　　　　　(b) 实物连接图

图 7.2　转体机构

根据两栖机器人的性能需求，通过在防水、连接等方面的不断改进，先后设计了四版两栖机器人原理样机，如图 7.3 所示。其中第四版两栖机器人的技术参数如表 7.1 所示。

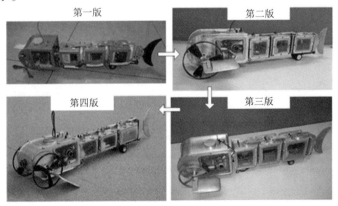

图 7.3　四版两栖机器人原理样机

表 7.1　第四版两栖机器人技术参数

性能指标	测试结果
两栖样机特征	特征尺寸，长×宽×高为 740mm×155mm×150mm，头箱+三个仿鱼推进单元+ 一对轮一桨一鳍复合机构
总质量	约 5kg
传感器系统	红外传感器，压力传感器，光电液位传感器
推进机制	仿鱼/仿海豚游动，轮桨鳍推进
驱动模式	Maxon RE-Max 24 直流电机，舵机 HSR-5995TG

7.2.2　典型运动步态

　　自然界的鱼类凭借其灵活的身体结构和形体特征展现出丰富多彩的运动姿态。两栖机器人含有多个运动控制面：一对轮桨机构、三个身体摆动关节、尾鳍关节、一对胸鳍机构、转体机构。这些控制面单独运动或配合动作可实现多种机动灵活的运动步态，其典型的运动步态示意图如图 7.4 所示，其中弧线箭头代表一个运动自由度。

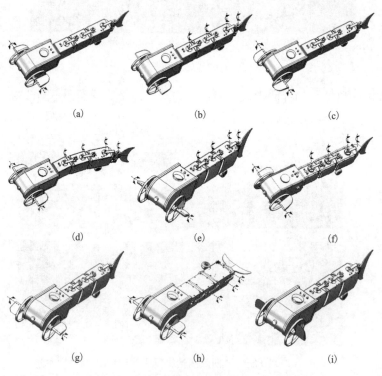

(a)　　　　　　　(b)　　　　　　　(c)

(d)　　　　　　　(e)　　　　　　　(f)

(g)　　　　　　　(h)　　　　　　　(i)

图 7.4　两栖机器人典型运动步态示意图

(1)爬行：机器人依靠头部左右两侧对称的轮式机构在 360°范围内连续旋转可实现地面上的爬行运动，运动形式较为简单，其中驱动轮同时顺时针或逆时针旋转，可实现直行和倒退运动。由于机器人系统驱动轮(或被动轮)有限，为了最大限度地保护本体机构，禁止左右驱动轮不一致方向转动。此外，当左右轮桨(同向)转动速度不一致时,配合第三箱体一定角度的偏转，可完成地面上的转弯运动。

(2)直游：直游是最基本的水下运动形式，机器人可通过多种方式实现水下的直游运动，例如，单独依靠左右胸鳍同步同幅拍动推进(定义为 PF 模式)，单独依靠身体某个关节或多个关节联合推进(定义为 BF 模式)，单独依靠尾鳍推进(定义为 CF 模式)，身体和尾鳍联合推进(定义为 BCF 模式)，身体、尾鳍、胸鳍联合推进(定义为 PF + BCF 模式)等。各种推进方式下身体波动保持对称性，完成直线游动，如图 7.4(a)、图 7.4(b)所示。

(3)倒游：机器鱼倒游对于躲避障碍物和逃离危险是极为有效的运动方式。自然界中，除欧洲鳗鱼依靠身体尾部的波动实现倒游外，绝大多数的鱼类依靠胸鳍的波动实现缓慢的倒退。由于两栖机器人头部和尾部的不对称性，单纯依靠将身体各关节自前向后的运动控制规律反转并不能获得简单的倒游运动，而且倒游过程中的流体力影响非常复杂。但我们可尝试调整各个关节自前向后的相位差和波动幅度来获得倒游运动。两栖机器人最简单的倒游方式，即依靠可在 360°范围内旋转(非连续)的机械胸鳍，使其叠加 180°的角度偏移量并往复拍动，同时禁止身体和尾部各个关节的摆动，如图 7.4(c)所示。

(4)水下转弯:机器人水下转弯游动是由身体左右两侧不对称的关节摆动引起的。通过给身体关节一侧叠加一定角度的偏移量即可实现水平面内的转弯游动，如图 7.4(d)所示，且转向半径的大小与左右两侧的不对称程度有关。一般来说，左右两侧摆动幅度相差越大，转向半径越小。由于机器鱼身体和尾部在整个推进过程中起主要作用，而胸鳍则平衡身体和保持稳定，因此，让左右两侧胸鳍单独执行不对称拍动同样可调整航向，但其效率较低。

(5)上升/下潜：机器人实现俯仰运动的主要方法通常有储水舱法、改变重心位置法、身体变形法或胸鳍攻角法，其中前三种方法主要集中于调整机器人的重心，使原有的静态平衡(如处于中性浮力状态)被破坏，垂直方向的重力与浮力不平衡引起机器人在垂直面内的运动，而胸鳍攻角法主要是给胸鳍叠加一定的攻角偏移量，使胸鳍在垂直面内的拍动不再保持上下对称(相对于水平面)，由此引起的拍动运动产生的竖直方向上的分力打破原有的重力-浮力平衡，而迫使机器人向上或向下运动，如图 7.4(e)、图 7.4(f)所示。

(6)原地转：原地转即机器人保持固有的位置，实现零半径或近似零半径的航向调整。借助于两栖机器人的胸鳍机构，使一侧胸鳍叠加 180°偏移量反向拍动，另一侧胸鳍维持直游时的拍动，同时禁止身体和尾部的摆动，可实现原地转运动，如图 7.4(g) 所示。

(7) 螺旋桨：借助于两栖机器人的轮桨机构，当其在水下旋转时，可模拟螺旋桨运动。与地面推进要求轮桨同向转动不同，水下螺旋桨推进时，可使左右轮桨按不同方式转动：同时顺时针、同时逆时针、一侧顺时针一侧逆时针。实验中发现不同方向推进时，利用轮桨叶片的异形结构可产生一定的航向调整功能，而同向转动可实现极其缓慢的推进功能。由于叶片较小，且为平面型结构，其水下推进功能并不显著，但当改变轮桨机构设计时，例如调整桨叶偏航角，可能获得一定的侧向推进效果。

(8) 仿海豚：两栖机器人所有的仿鱼推进运动均可在仿海豚模式下进行，只需起动转体机构将仿鱼模式切换为仿海豚模式即可，如图 7.4(h) 所示。在实际测试中，由于仿鱼和仿海豚参与摆动的身体部位和长度略有不同，可参考仿生学数据进行实验比较和修正。

(9) 制动：制动作为一种最直接、最有效的强制保护模式，可避免机器人在危险或紧急情况下的机构损坏，对应的执行方式即停止机器人所有控制面的摆动，同时使胸鳍急速旋转 90°，依靠迎面的水流阻力实现最大限度的减速动作，如图 7.4(i) 所示。

7.3 基于 CPG 的多模态运动控制

动物的节律运动控制系统是一个复杂的网络体系，分为多个等级组织：高层控制中心、中枢模式发生器、效应器官、骨骼肌肉执行机构等[1,2]，如图 7.5 所示。其中，高层控制中心负责发送各种运动指令，控制各种节律运动的起始和停止，同时对中枢系统的反馈信息、本体感受器信息、环境反馈信息等进行采集和监控。最底层的效应器官负责将动作指令等传递到骨骼、肌肉等执行机构，完成高层指定的运动任务。中枢模式发生器(CPG)作为高层控制中心与效应器官之间的纽带，负责协调各个层次的交互作用。来自外界环境的反馈信息通过传感反馈返回到中枢层和高层控制中心，协调 CPG 与环境、高层控制中心、本体的关系，并对 CPG 的输出进行调节。整个控制系统是一个层次型的分布式反馈控制网络，确保节律运动控制信号的稳定产生，同时又能快速适应复杂多变的外部环境。

CPG 作为一种神经运动控制机制，近年来被广泛应用于仿生机器人控制方面，其主要特点体现在：

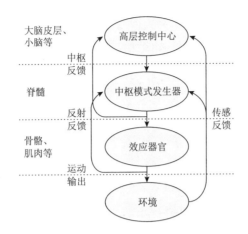

图 7.5　动物节律运动控制系统示意图

(1)可自发产生各种基本控制信号,如关节角或力矩等。由于在缺乏高层控制命令和外部反馈的条件下可自激产生稳定的节律信号,且 CPG 振荡器的输出信号可直接或经过简单处理后就用来作为电机或舵机等驱动机构的控制信号,使用上较为方便。在工程实现上,一般一个振荡器单元可用来模拟一个运动自由度,多个振荡器单元组成的网络结构可用来控制机器人肢体的多个部位或关节来实现协调的节律运动。

(2)运动模态的多样性。CPG 网络的振荡器通过相位互锁关系,产生多种稳定、自然的相位关系,而不同的相位关系可能对应于动物体不同的行为特性,因此可实现各种不同的运动模式。

(3)抗外界干扰能力。CPG 网络的行为和动态特性可通过微分方程、人工神经网络、超大规模集成电路(very-large-scale integration, VLSI)及矢量图等来描述。通常 CPG 网络表现出一定的极限环行为,即经过一段时间后,CPG 网络输出呈现出稳定的振荡特性,且当外界扰动引起 CPG 模型的参数或状态发生改变时,振荡器输出能渐进平滑地收敛到新的极限环状态。CPG 模型的这种抗干扰能力使得其参数调节变得极为方便,通过调整模型参数可使系统由一种状态平滑地切换到另一种状态,而不必担心切换过程中引起的波形突变、系统停滞等不稳定性因素。

(4)可集成高层输入控制信号和耦合传感反馈。高层输入控制信号可用来调节 CPG 模型的振荡行为,通过改变高层输入控制信号可实现对 CPG 振荡器输出信号频率、幅值、相位等的同步调整;而外部传感信息作为一种环境感应信号,耦合到 CPG 模型中,可以对 CPG 模型的输出起到实时调节和稳定的作用,具有环境自适应性的优点。

尽管 CPG 模型呈现出如此多的优点,但实际应用于机器人控制方面时还存在一定的难度,其最大难点在于如何构造合适的 CPG 网络结构来产生特定的运动模态。此外，很多 CPG 模型并没有显式的参数物理意义(如频率、幅值、相位、波长等)，根据振荡器本身的特性还无法获得明确的解析解。

7.3.1 基于液位传感反馈的 CPG 模型

1. 振荡器模型

CPG 模型的实现方式有多种，比较典型的有漏极积分器模型[3]、van der Pol 型神经元振荡器模型[4,5]、CNN 细胞模型[6-8]、七腮鳗型相位振荡器模型[9-11]。其中，七腮鳗型相位振荡器模型最早是由 Cohen 等[10]和 Grillner 等[11]于 20 世纪 80 年代在分析七腮鳗波状游动特性时提出的。为了解释七腮鳗脊髓中负责产生协调运动的段间神经元之间的行为特性，Cohen 等[10]在此基础上提出了一种由多个极限环振荡器耦合而成的神经元模型。为了便于理论分析，Cohen 等对模型进行了具体化，形成了一种具有简单表达形式的相位振荡器模型，并证明了模型本身自激振荡能够产生稳定的相位互锁关系，因而得以解释七腮鳗脊髓中传播的稳定行波。瑞士洛桑联邦理工学院的 Ijspeert 等[12]对该模型进行了进一步的简化，通过在模型中加入一个描述幅度特征的二阶微分方程，形成了一个具有可控幅度的相位振荡器模型，并将其成功应用于一系列蛇形及蝾螈仿生机器人上，其系统性的研究成果发表在 2007 年的 *Science* 上。Ijspeert 的振荡器模型表达形式如下[12]：

$$
\begin{cases}
\dot{\phi}_i = 2\pi f_i + \sum_{j \in T(i)} a_j w_{ij} \sin(\phi_j - \phi_i - \gamma_{ij}) \\
\ddot{a}_i = \tau_i \left(\dfrac{\tau_i}{4}(A_i - a_i) - \dot{a}_i \right) \\
\chi_i = a_i(1 + \cos\phi_i)
\end{cases}
\tag{7.1}
$$

式中，ϕ_i 和 a_i 分别为振荡器 i 的相位和幅值；f_i 和 A_i 分别为振荡器 i 的固有频率和固有幅值；τ_i 为正时间常数，决定 a_i 收敛到 A_i 的速度。不难证明，式(7.1)的第二个方程对应的非齐次二阶线性微分方程可以获得解析解，且振荡幅值 a_i 将渐进收敛到固有幅值 A_i，即当 $t \to \infty$ 时，$a_i \to A_i$。在实际应用中，一个或多个振荡器用于描述一个运动自由度，而多个运动自由度的协调性通过振荡器间的耦合关系，即耦合权值 w_{ij} 和耦合相位差 γ_{ij} 来决定。一个正的振荡信号 χ_i 代表振荡器 i 的输出信号，即图 7.5 中的运动输出(或经过处理后)。$T(i)$ 为一个离散的特征集，代表与振荡器 i 有连接关系的振荡器。这里要指出的是，由于振荡器间存在双向连接关系，$T(i)$ 为单向指向振荡器 i 的振荡器集合。从式(7.1)可以看出，该 CPG 模型的物理意义比较显著，通过改变 f_i 和 A_i 可以实现对振荡器输出频率和幅值的调节，而修改 γ_{ij} 可以调节振荡器间的相位关系，实现相位可调控制。式(7.1)的第三个方程表明各个振荡器输出为一个典型的正弦波信号，可用来模拟鱼类的往复波动，因此该模型适宜于两栖机器人的仿鱼游动控制。在本章中，我们对 Ijspeert 的振荡器模型进行了改进，并将其应用于两栖机器人的地面爬行和水下游动运动控制，同时，通过在该模型中耦合传感反馈，可实现各种自适应的运动步态及它们之间的平滑切换。

在式(7.1)中，需要确定的参数集为 $\{f_i, A_i, w_{ij}, \gamma_{ij}, \tau_i\}$。其中，时间常数 τ_i 仅仅影响振荡信号的稳定时刻，对输出波形的影响不大，可以预先指定，本章假定对所有的振荡器有 $\tau_i = 20$。f_i 和 A_i 决定了单个振荡器的振荡特性，与网络内其他振荡器无关，而 w_{ij} 和 γ_{ij} 则体现了网络内各个振荡器间的耦合关系，最终决定了 CPG 网络的连接特性。作为一种特例，当 $w_{ij} = 0$ 时，各个振荡器之间无耦合关系，整个 CPG 网络表现为各个相互独立的振荡器集合。此外，除了上述参数集外，CPG 网络本身的构成、振荡器间的连接关系也至为重要。一旦给定 CPG 网络振荡器结构，在给定上述各个参数的条件下，整个 CPG 网络的输出特性即可被确定。两栖机器人的运动控制可利用该 CPG 模型产生各个关节摆动的振荡波形，并通过调节振荡器间的耦合关系来完成机器人各个关节的协调运动，实现快速、高效、灵活机动的两栖运动。此外，希望借助于机器人自身集成的传感信息采集系统实时改变模型参数，动态调整模型的振荡输出，实现各种适应于环境特征的多模态运动。下面我们将对两栖机器人 CPG 网络的构建及多模态运动控制进行详细的描述和分析。

2. CPG 网络

生物体内的节律运动并非由感觉反馈引起，而是由于其肌体两种内在的细胞反应机制对 CPG 的形成起到了一定的重塑作用。这两种能够产生兴奋性节律变化的神经元细胞称为"起步细胞"，它们彼此之间形成相互抑制的突触连接，构成一对具有兴奋-抑制连接关系的伸肌-屈肌结构，共同作用产生生物系统各式各样的节律性运动。考虑到两栖机器人的运动特征，结合其细长型的身体结构，图 7.6 给出了其 CPG 网络结构图，由胸鳍 CPG 和身体 CPG 构成，其中带箭头的弧线代表振荡器间的连接方向。

对两栖机器人的四个身体关节和一对胸鳍机构，按照伸肌-屈肌连接关系，每一个旋转自由度由一对振荡器构成，即每个关节由两个振荡器构成，如图 7.6 所示，O_1-O_4、O_7-O_{10} 共八个振荡器构成身体 CPG，每两个振荡器对应一个摆动关节；振荡器 O_5 和 O_{11}、O_6 和 O_{12} 分别构成左右胸鳍 CPG。定义两个振荡器之间的输出差值作为该关节的驱动舵机控制信号，即 $\varphi_i = \chi_i - \chi_{i+6}$ ($i=1,2,3,4$) 分别用于控制四个身体摆动关节，而 $\varphi_l = \chi_5 - \chi_{11}$，$\varphi_r = \chi_6 - \chi_{12}$ 分别对应左右胸鳍舵机的控制量。由于鱼类在游动过程中主要依靠身体和尾部协调推进，而胸鳍主要用于平衡身体和调整航向，其对推进力的贡献并不显著，因此我们定义身体 CPG 与胸鳍 CPG 之间为单向连接关系，身体 CPG 单向抑制身体 CPG。

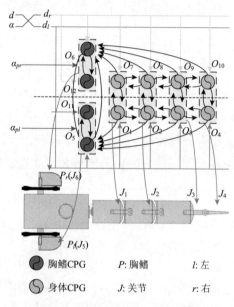

图 7.6　两栖机器人 CPG 网络结构

图 7.6 中，d 代表整个系统的输入激励，对应图 7.5 中的高层控制中心，负责产生机器人各种运动形式的控制指令，同时调节运动步态并对机器人的运动实时在线监控。输入激励经过方向因子 α 产生机器人左右两侧的输入激励 d_{left} 和 d_{right}（分别简记为 d_l 和 d_r，当左右激励相同时合记为 d，其中 l 和 r 分别代表左侧和右侧），分别驱动机器人的左右两侧振荡器。α_{pl} 和 α_{pr} 代表作用给左右胸鳍机构的偏航角因子，当耦合到 CPG 模型中时，可用来实现机器人的三维游动控制。决定单个振荡器行为特性的参数为固有频率和固有幅值，为了实现人机交互控制，我们期望能够通过改变输入激励 d 来实现对机器人各个关节摆动频率和摆动幅值的实时调整。因此，这里引入一种饱和函数，其目的是接收高层输入激励信号，同时输出相应等级的振荡器频率和幅值信号。饱和函数形式的选取不同，固有频率和固有幅值的变化形式也不尽相同。这里为了简单起见，采用较为简单的线性函数形式，如式 (7.2)、式 (7.3) 所示：

$$f_i = g_f(d) = \begin{cases} k_{f,i}d + b_{f,i}, & d_{\text{low},i} \leqslant d \leqslant d_{\text{high}} \\ f_{\text{low-cut}}, & 0 \leqslant d < d_{\text{low},i} \end{cases} \tag{7.2}$$

$$A_i = g_A(d) = \begin{cases} k_{A,i}d + b_{A,i}, & d_{\text{low},i} \leqslant d \leqslant d_{\text{high}} \\ A_{\text{low-cut}}, & 0 \leqslant d < d_{\text{low},i} \end{cases} \tag{7.3}$$

式中，$k_{f,i}$、$b_{f,i}$ 为频率系数；$k_{A,i}$、$b_{A,i}$ 为幅值系数；$d_{\text{low},i}$ 和 d_{high} 分别对应关节门限和激励峰值，为预先设定的值。其中，关节门限表示该关节左右振荡器起振的最低输入激励值。激励峰值满足：当 $d > d_{\text{high}}$ 时，限定 $d = d_{\text{high}}$（本章约定 $d_{\text{high}} = 5$）。$f_{\text{low-cut}}$ 和 $A_{\text{low-cut}}$ 分别对应截止频率和幅值，这里为简单起见，取 $f_{\text{low-cut}} = 0$、$A_{\text{low-cut}} = 0$。

由于关节控制信号为左右侧振荡器输出的差值，为了保证输出波形的一致性，令所有身体 CPG 振荡器的固有频率相同，即 $f_{\text{body}} = k_{f,\text{body}}d_{\text{mean}} + b_{f,\text{body}}$，其中 $d_{\text{mean}} = (d_l + d_r)/2$。胸鳍的固有频率表示为 $f_{\text{pec}} = k_{f,\text{pec}}d + b_{f,\text{pec}}$，其中对左右胸鳍输入激励 d 分别取 d_l 和 d_r。为了实现两栖机器人直游时身体波动的对称性（直游运动隐含着 $d_l = d_r$），每个关节左右振荡器采用相同的幅值系数。此外，根据鱼体波理论，鱼类推进过程中自头部向尾部传播的行波，其幅值由前至后逐渐增加，因此幅值系数由 J_1 到 J_4 逐渐递增。

由于构成每个关节的一对左右振荡器采用兴奋-抑制连接关系，这里我们假定为反相连接，即 $\phi_{i+6} = \phi_i + \pi$，根据系统渐进收敛性，有 $a_i \to A_i$，$\phi_i(t) \to 2\pi f_i t + \Delta\phi_i$，其中 $\Delta\phi_i$ 由网络连接关系和系统初始条件决定。根据振荡器输出，可得

$$\begin{cases} \chi_i^\infty = A_i(1 + \cos\phi_i) = (k_{A,i}d_l + b_{A,i})(1 + \cos\phi_i) \\ \chi_{i+6}^\infty = A_{i+6}(1 + \cos\phi_{i+6}) = (k_{A,i}d_r + b_{A,i})(1 + \cos(\phi_i + \pi)) \end{cases} \tag{7.4}$$

则关节 i 的控制量信号为

$$\begin{aligned} \varphi_i^\infty &= \chi_{i+6}^\infty - \chi_i^\infty = k_{A,i}(d_r - d_l) - (k_{A,i}(d_l + d_r) + 2b_{A,i})\cos\phi_i \\ &= k_{A,i}(d_r - d_l) - (k_{A,i}(d_l + d_r) + 2b_{A,i})\cos(2\pi(k_{f,i}(d_l + d_r)/2 + b_{f,i})t + \Delta\phi_i) \end{aligned} \tag{7.5}$$

当机器人直行时，对应于左右两侧相同的输入激励，即 $d_l = d_r = d$，式(7.5)即为 $\varphi_i^\infty = -2(k_{A,i}d + b_{A,i})\cos(2\pi(k_{f,i}d + b_{f,i})t + \Delta\phi_i)$。为了满足执行机构的物理约束，必须要求满足下式：

$$\begin{cases} |\varphi_i^\infty| \leqslant 2(k_{A,i}d + b_{A,i}) \leqslant \varphi_{i,\max} \\ k_{f,i}d + b_{f,i} \leqslant f_{i,\max} \end{cases} \tag{7.6}$$

式中，$\varphi_{i,\max}$、$f_{i,\max}$ 分别代表可达到的最大摆动幅值和频率。式(7.6)可作为 CPG 模型幅值和频率参数选择的基本依据，可依其选择一组初始参数值。

按照粗选-仿真-试凑的基本原理，初步获得的 CPG 模型参数如表 7.2 所示。以尾鳍关节 J_4 为例，假定尾鳍在往复摆动过程中达到最大摆动角度 $\varphi_{4,\max} = 60°$，

对应于 1.047rad。假定舵机可达到最大的转动速度，即 0.12s/60°，亦为 0.02s/10°，对应 20ms 的脉冲调制周期。为了实现最大摆动幅值下一个完整周期的波动运动，摆动周期为 $T = (0.82 \times 4 \times 0.12 / (\pi / 3)) = 0.3759$，从而可得到相应的关节摆动频率值 $f = 1/T \approx 2.66 > (0.4d + 0.3)|_{d=5} = 2.3$，即表 7.2 中的频率系数也满足要求。对其他的关节可进行同样分析，其结果表明表 7.2 的频率和幅值参数选取是相对合理的一组优选值，但并非最优，有待于进一步优化。

表 7.2　CPG 模型的基本参数

参数	胸鳍 CPG	身体 CPG
频率系数$[k_f, b_f]$/Hz	[0.5, 0.3]	[0.4, 0.3]
幅值系数$[k_A, b_A]$/rad	[0.06, 0.08]	[0.02, 0.10] (J_1) [0.03, 0.12] (J_2) [0.04, 0.14] (J_3) [0.05, 0.16] (J_4)
关节门限值 $d_{\text{low},i}$/无量纲	2.2	[2.8, 2.6, 2.4, 2.2] (J_1, J_2, J_3, J_4)

7.3.2　水陆切换控制

为了触发两栖机器人水陆不同环境下的驱动机构和运动形式，我们在机器人的头部底端和尾部推进单元底部分别安装了一个光电液位传感器，用于探测水陆环境信息。液位传感器采集信息将用于调节左右相邻振荡器间的耦合相位差，来实现水陆环境的自适应控制。定义函数

$$\text{sgn}(u) = \begin{cases} 1, & \text{地面} \\ -1, & \text{水下} \\ \text{未定义}, & \text{其他} \end{cases} \tag{7.7}$$

式中，u 表示液位传感器探测到的环境状态。令 $\gamma_{i,i+6} = \pi/2 - \text{sgn}(u) \cdot \pi/2$ $(i = 1, 2, 3, 4)$，即

(1) 地面环境下，禁止机器人身体各关节的振荡，即实现关节锁定，$\gamma_{i,i+6} = 0$，使得 $\phi_{i+6} = \phi_i$，身体 CPG 各关节左右侧振荡器同相振荡，且幅值相同，使得左右振荡器输出信号相减互相抵消；对左右胸鳍，可得 $\{\gamma_{6,7} = 3\pi/4, \gamma_{6,8} = \pi/2, \gamma_{6,9} = \pi/4, \gamma_{6,10} = 0\}$。

(2) 水下游动时，机器人身体各关节的往复振荡产生稳定行波，推动机器人前进，$\gamma_{i,i+6} = \pi$，则 $\phi_{i+6} = \phi_i + \pi$，身体 CPG 各关节左右振荡器反相振荡，其输出的差值作为该关节的驱动控制信号；对左右胸鳍，同理可得 $\{\gamma_{6,7} = -\pi/4, \gamma_{6,8} = -\pi/2,$

$\gamma_{6,9} = -3\pi / 4, \gamma_{6,10} = -\pi \}$。

由于两栖机器人水陆运动采用不同的驱动机构，为了实现相应驱动机构自主运动的起动与停止，针对液位传感器的触发条件，引入临界激励 d_{crit}（本章令 $d_{crit} = 2.0$），即

(1) $d_{low} \leqslant d_l, d_r < d_{crit}$ 时，自动触发两栖机器人的地面运动 CPG 控制律。

(2) $d_{crit} \leqslant d_l, d_r \leqslant d_{high}$ 时，自动触发两栖机器人的水下运动 CPG 控制律。

(3) 其他条件下，CPG 模型不发生作用。

需要特别指出的是，为了实现水陆运动模态自主切换，液位传感器探测到的环境信息将直接触发外界输入激励 d 的调整，引起相应执行机构的动作，以达到期望的环境步态。

1. 地面 CPG 运动控制

两栖机器人的地面运动通过轮式驱动机构实现。为了实现地面上的有效转弯运动，我们提出了一种具有最小半径的转弯方式，即根据身体变形程度利用第三个推进单元（对应 J_2）单独偏转（非振荡），而其他关节保持在中间位置。神经元振荡器的特征是产生周期性的往复振荡信号，为了使左右振荡器输出相减产生一定的关节锁定信号，只能要求两个振荡信号保持相同频率且同相振荡，为此，令在 $d_{low} \leqslant d_l, d_r < d_{crit}$ 时，$A_i = k_{A,i} d_{mean} + b_{A,i}$（$i=1,2,3,4$），显然，$A_i = A_{i+6}$（$i=1,2,3,4$），地面环境下，$\phi_{i+6} = \phi_i$，左右振荡器同相，则 $\chi_{i+6} = \chi_i$，于是 $\varphi_i^\infty = \chi_i^\infty - \chi_{i+6}^\infty = 0$。

此外，为了根据左右激励的不同，通过关节 J_2 的偏转实现有效转弯，增加两个偏移量方程：

$$\ddot{e}_2 = \tau_i \left(\tau_i (E_2 - e_2) / 4 - \dot{e}_2 \right) \tag{7.8}$$

$$\ddot{e}_8 = \tau_i \left(\tau_i (E_8 - e_8) / 4 - \dot{e}_8 \right) \tag{7.9}$$

式中，E_2 和 E_8 分别为振荡器 O_2 和 O_8 的固有幅值偏移量，计算为 $E_2 = k_{def} d_l$，$E_8 = k_{def} d_r$。同时，振荡器 O_2 和 O_8 的振荡输出修改为

$$\chi_2 = e_2 + a_2 \cos\phi_2 \to E_2 + A_2 \cos\phi_2, \quad \chi_8 = e_8 + a_8 \cos\phi_8 \to E_8 + A_8 \cos\phi_8$$

此时，关节 J_2 的输出控制量为

$$\varphi_2^\infty = \chi_2^\infty - \chi_8^\infty = E_2 - E_8 = k_{def}(d_l - d_r) \triangleq 2k_{def} d_{diff} \tag{7.10}$$

从式 (7.10) 可以看出，$d_{diff} = 0$ 时确保机器人在地面上的直行运动，而 $d_{diff} \neq 0$ 将引起转弯运动，且转弯方向和转向半径直接由 d_{diff} 的符号和幅值决定。在实际应用中，机器人转弯推进舵机偏航角限制在 $\pm 60°$，由于 $d_{low} \leqslant d_l, d_r < d_{crit}$，即 $|d_l - d_r| < 1$，因此可以确定 $k_{def} = \pi / 3$。

两栖机器人地面仿轮式驱动采用 Maxon 公司的 RE-max24 直流电机+EPOS24/1 控制器,其轮桨转速设定为 $1000\sim12\,000\text{r/min}$(严格意义上,由于机械损耗不可忽略,实际输出转速会下降),对应于地面 CPG 输入激励范围 $d_{\text{low}}\sim d_{\text{crit}}$,因此对轮桨转速正则化得 $n=(12\,000-1000)(d_l-1)/(2-1)+1000$。机器人左转时,$n_r=n$ 且 $n_l=n_r\cdot(R-d_{\text{wheel}}/2)/(R+d_{\text{wheel}}/2)$,其中 R 为转向半径,由偏航角获得,d_{wheel} 为头部左右驱动轮桨间距;机器人右转时,$n_l=n$ 且 $n_r=n_l\cdot(R-d_{\text{wheel}}/2)/(R+d_{\text{wheel}}/2)$。图 7.7 显示了地面 CPG 运动控制的仿真结果。

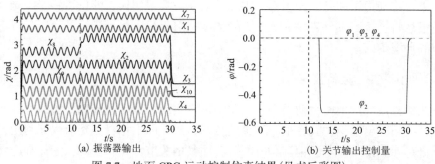

(a) 振荡器输出   (b) 关节输出控制量

图 7.7 地面 CPG 运动控制仿真结果(见书后彩图)

在 $t<12\text{s}$ 时,$d_l=d_r=1.2$,机器人每个关节左右振荡器输出相位、频率、幅值均相同,其输出相减相互抵消,机器人直行;在 $12\text{s}<t\leqslant30\text{s}$ 时,$d_l=1.2$,$d_r=1.7$,左右输出不对称,机器人开始左转,施加于关节 J_2 上的偏航角如图 7.7(b) 所示。

2. 水下 CPG 运动控制

两栖机器人的水下游动推进依靠身体各个关节和胸鳍的往复摆动实现。不同于地面 CPG 控制,水下 CPG 控制的振荡器幅值为 $A_i=k_{A,i}d_l+b_{A,i}$,$A_{i+6}=k_{A,i}d_r+b_{A,i}$,$\phi_{i+6}=\phi_i+\pi$($i=1,2,3,4$)。特别地,$E_2=A_2$,$E_8=A_8$,则

$$\varphi_i^{\infty}=\chi_i^{\infty}-\chi_{i+6}^{\infty}=k_{A,i}(d_l-d_r)-\left(k_{A,i}(d_l+d_r)+2b_{A,i}\right)\cos\phi_i$$
$$=2k_{A,i}d_{\text{diff}}+2(k_{A,i}d_{\text{mean}}+b_{A,i})\cos\phi_i \qquad (7.11)$$

式中,左右输入激励差异 d_{diff} 对应转弯推进,而激励均值 d_{mean} 决定了关节往复波动的幅值。图 7.8 为水下仿鱼游动的 CPG 控制波形。其中,$t<5\text{s}$ 时,$d_l=d_r=3.0$,机器人各个关节两侧振荡器输出幅值和频率相等、相位相反的波形[图 7.8(a)],其值相减产生控制关节波动的振荡波形,相应的关节振荡输出控制量如图 7.8(b)所示;$5\text{s}<t<10\text{s}$ 时,$d_l=2.5$,$d_r=4.5$,不对称的输入激励产生不对称的振荡幅值,根据式(7.11)将推动机器人向左转弯。特别要指出的是,由于 $d_l<d_{\text{low},1}$,

| 170 |

$d_l < d_{\text{low},2}$，振荡器 O_1 和 O_2 停振，相应的关节 J_1 和 J_2 摆动局限在身体右侧。另外，由于 $t < 5\text{s}$ 时 $d_{\text{inhibit}} < d_{\text{mean}}$，$w_{5,i} = w_{6,i+6} = 0$，身体 CPG 和胸鳍 CPG 之间无耦合，相互独立振荡；而 $5\text{s} < t < 10\text{s}$ 时 $d_{\text{inhibit}} > d_{\text{mean}}$，$w_{5,i} = w_{6,i+6} = 100$，身体 CPG 开始抑制胸鳍 CPG，迫使胸鳍 CPG 以身体 CPG 的频率振荡，即 1.7Hz 振荡（左右胸鳍 CPG 振荡器固有频率仍然分别为 1.55Hz 和 2.55Hz）。

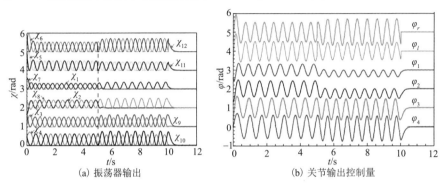

图 7.8　水下仿鱼游动的 CPG 运动控制波形（见书后彩图）

3. 水陆复合 CPG 运动控制

通过引入临界激励 d_{crit}，两栖机器人可根据外界激励变化切换水陆两栖运动步态，图 7.9(b) 给出了其水陆运动步态切换的仿真结果。$t < 4\text{s}$ 时，左右输入激励相同，机器人执行地面上的直行爬动；$4\text{s} < t < 8\text{s}$ 时，右侧输入激励突然增大，机器人以相应的 30° 关节偏航角向左转弯；$8\text{s} < t < 18\text{s}$ 时，左右输入激励发生跳变，越过临界激励 d_{crit}，机器人开始切换至游动步态，身体左右两侧的振荡器由同相连接转变为反相连接关系，其输出的差值确保各个关节产生振荡的往复摆动信号推动机器人游动；$18\text{s} < t < 24\text{s}$ 时，不对称的输入激励触发机器人的转弯游动。此时，左右胸鳍的不对称振荡（幅值或频率）辅助机器人转弯推进。图 7.9(c) 所示平滑的轨迹切换表明了 CPG 控制方法的调节性能，能实时调整振荡频率和幅值（通过调整输入激励实现）。两栖机器人从水下到地面的仿真运动同理可得。

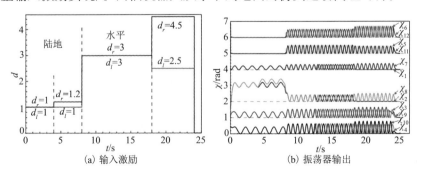

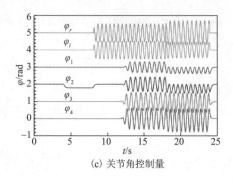

(c) 关节角控制量

图 7.9　两栖运动控制 CPG 仿真结果(见书后彩图)

7.3.3　俯仰控制

两栖机器人的俯仰控制通过灵活拍动的机械胸鳍实现，即给左右胸鳍同时叠加 0°～90°或-90°～0°的攻角可实现上升/下潜运动，增强其三维游动性能。机器鱼俯仰运动中，胸鳍往复拍动的控制参数虽然由 CPG 模型产生，但胸鳍攻角叠加的偏移量通常并非来自 CPG 模型，而是通过在 CPG 输出端直接叠加一定角度的偏移量来实现[13]。本节充分利用 CPG 模型的优越性能，将胸鳍的攻角因子耦合到 CPG 模型中，形成一个完整的控制体系。为此，引入攻角系数 ϕ_{pitch}。

两栖机器人的胸鳍振荡固有频率为

$$f_5 = k_{f,\text{pec}}d_l + b_{f,\text{pec}}, \quad f_6 = k_{f,\text{pec}}d_r + b_{f,\text{pec}}, \quad f_{11} = f_5, \quad f_{12} = f_6$$

令固有幅值为

$$A_5 = k_{A,\text{pec}}(d_l + \phi_{\text{pitch}}/2) + b_{A,\text{pec}}, \quad A_{11} = k_{A,\text{pec}}(d_l - \phi_{\text{pitch}}/2) + b_{A,\text{pec}}$$

$$A_6 = k_{A,\text{pec}}(d_r + \phi_{\text{pitch}}/2) + b_{A,\text{pec}}, \quad A_{12} = k_{A,\text{pec}}(d_r - \phi_{\text{pitch}}/2) + b_{A,\text{pec}}$$

考虑到左右胸鳍通过 1：2 的齿轮传递比可实现 360°范围内转动(非连续)，要获得偏移量为 α_p (角度)的胸鳍攻角，胸鳍控制舵机要偏转 $\alpha_p/2$，则令

$$\phi_{\text{pitch}} = \alpha_p \pi/(360k_{A,\text{pec}}) \tag{7.12}$$

以左胸鳍为例，由于 $\gamma_{11,5} = \pi$，左胸鳍舵机控制量为

$$\begin{aligned} \varphi_l^\infty &= \chi_5^\infty - \chi_{11}^\infty = A_5(1 + \cos\phi_5) - A_{11}(1 + \cos\phi_{11}) \\ &= (A_5 - A_{11}) + (A_5 + A_{11})\cos\phi_5 \\ &= k_{A,\text{pec}}\phi_{\text{pitch}} + 2(k_{A,\text{pec}}d_l + b_{A,\text{pec}})\cos\phi_5 \end{aligned} \tag{7.13}$$

式中，ϕ_{pitch} 决定了攻角大小；d_l 决定了振荡幅值。由于 ϕ_{pitch} 为连续可调的变量，因此利用式(7.13)可实现任意攻角的俯仰控制，克服了传统俯仰控制中数据点离

散、有限的局限性。需要指出的是，在俯仰控制中，我们只考虑 $d_l = d_r$ 的情形，对于 $d_l \neq d_r$ 下的三维游动可分解水平面内的二维游动和垂直平面内的俯仰运动，这里不再赘述。

图 7.10 给出了两栖机器人俯仰运动的仿真结果。其中，$t < 5\text{s}$ 时，机器人完成二维平面内的直行游动，$d_l = d_r = 3.0$；$5\text{s} < t < 10\text{s}$ 时，施加任意一非特定角度，例如 $\alpha_p = 25°$（$\phi_{\text{pitch}} = 3.636\,1$），机器人完成下潜动作，同时为了提高下潜能力，激励 $d_l = d_r = 4.0$；随后 $10\text{s} < t < 15\text{s}$ 时，改变攻角 $\alpha_p = -20°$（$\phi_{\text{pitch}} = -2.908\,9$），机器人开始上浮。在整个俯仰过程中，对称的尾部波动一直作为主要推进力推动机器人游动。

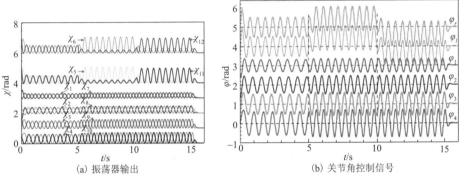

图 7.10　俯仰运动仿真结果（见书后彩图）

需要特别指出的是，两栖机器人左右胸鳍由于机构相互独立，可施加不同的攻角系数 $\phi_{\text{pitch},l}$（α_{pl}）和 $\phi_{\text{pitch},r}$（α_{pr}）。特别地，当胸鳍叠加偏移量为 $\alpha_{pl} = \alpha_{pr} = \pi$ 时可使两侧胸鳍叠加 180° 的偏移量实现倒游；$\alpha_{pl} = 0, \alpha_{pr} = \pi$ 或 $\alpha_{pl} = \pi, \alpha_{pr} = 0$ 时可实现原地转运动，$\alpha_{pl} = \alpha_{pr} = \pi / 2$ 时可实现制动功能，此时式（7.13）改写为

$$\begin{cases} \varphi_l^\infty = k_{A,\text{pec}}\phi_{\text{pitch},l} + 2(k_{A,\text{pec}}d_l + b_{A,\text{pec}})\cos\phi_5 \\ \varphi_r^\infty = k_{A,\text{pec}}\phi_{\text{pitch},r} + 2(k_{A,\text{pec}}d_r + b_{A,\text{pec}})\cos\phi_6 \end{cases} \quad (7.14)$$

式中，如无特别说明，同样要求 $d_l = d_r$（显然，可进一步推导出 $\phi_5 = \phi_6$）。

7.3.4　多模态运动控制

自然界的鱼类游动呈现惊人的高效性，包括高机动性、灵活性，尤其是对不断变化的环境的自适应性。从仿生控制的角度来看，自适应性表现为对于期望的目标状态或行为选择合适的运动模板。结合图 7.6 所示的 CPG 控制模型，我们设计了基本的运动模态及其实现条件，如表 7.3 所示。

从表 7.3 中可以看出，对于两栖机器人而言，不同的运动模态对应于选择不同的 CPG 参数集，以及其他条件参数如关节门限、频率和幅值系数等。这里需要指出的是，对地面后退运动，可引入额外的轮桨方向因子，控制左右驱动轮桨的转动方向，由于与方向因子类似，这里不再赘述。对于水下螺旋桨推进，左右轮桨共存在四种转动方向组合。由于左右轮桨不同向转动在地面环境下是严格禁止的，因此在实现轮桨转动时，我们必须借助液位传感器感知到的环境状态来进行选择目标步态，避免误动作造成对机器人机构的损坏。

表 7.3 两栖机器人基本行为状态

行为			实现条件
地面 T_G: $d_{low} \leqslant d < d_{crit}$	直行		T_G_F: $\alpha = 1$
	转弯		T_G_T: $\alpha \neq 1$
	后退		T_G_B
水下 T_W: $d_{crit} \leqslant d \leqslant d_{high}$	直游	PF	T_W_FP: $d_{low,i} = d_{high} + 1$ ($i = 1,2,3,4$), $\alpha = 1$
		BCF	T_W_FB: $d_{low,5/6} = d_{high} + 1$, $\alpha = 1$
		PF+BCF	T_W_F: $d \geqslant d_{low,i}$ ($i = 1,2,\cdots,6$), $\alpha = 1$
	仿鱼/海豚	转弯	T_W_T: $\alpha \neq 1$
		倒游	T_W_B: $\alpha_{pl} = \alpha_{pr} = \pi$
		下潜	T_W_D: $\alpha_{pl} = \alpha_{pr} \in (0, \pi/3]$
		上升	T_W_A: $\alpha_{pl} = \alpha_{pr} \in [-\pi/3, 0)$
		原地转	T_W_C: $\alpha_{pl} = 0, \alpha_{pr} = \pi$ 或 $\alpha_{pl} = \pi, \alpha_{pr} = 0$
		制动	T_W_S: $\alpha_{pl} = \alpha_{pr} = \pi/2$
		螺旋桨	—
自主	水陆切换		液位传感器
	避障		红外传感器

进一步，我们给出了两栖机器人多模态运动控制的状态切换示意图，并制定了其多模态运动的有限状态机，如图 7.11 所示，用于描述两栖机器人的各种运动步态及步态之间的切换条件。

图 7.11 中，带箭头的线代表状态转移方向，箭头上的标识符代表状态转移条件，即表 7.3 中所示的实现条件。值得注意的是，为了保证图形清晰，图 7.11 中很多状态转移箭头并没有标示出来，以转移条件"T_W_D=1"为例，一旦该条件得以满足，机器人将从当前状态调整攻角切换为下潜模式，即使机器人当前处于上升或倒游状态。然而，尽管该状态机指明了状态切换的条件及目标状态，关于目标状态的精确信息有待进一步确定，例如一旦"T_W_D=1"满足而触发机器人

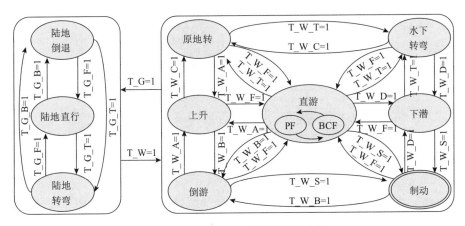

图 7.11　多模态运动步态切换示意图

下潜时，下潜速度如何控制、对应的胸鳍攻角如何设定等仍有待确定，目前采用较为简单的实现方法，即给定一个中间过渡值，如 30°的下潜攻角。利用该状态机可实现预定步态的迅速切换，然而在实际中，从保护样机本体及可用性方面考虑，尤其需要注意的是，并非任意两种运动模态间都可以进行随意切换。例如，机器人在地面环境下时禁止实现各种水中运动，包括仿海豚、螺旋桨不同向推进等，而俯仰、制动在地面条件下是毫无意义的。只有当机器人从地面进入水下环境中时，相应的各种水下运动模态才有可能被触发。图 7.11 中的多模态运动目前在两栖机器人样机上均可通过手动遥控实现，对于自主运动控制，水陆步态切换可通过液位传感反馈得以完成，而各种其他的运动模态将在集成更多传感信息的基础上相继触发。

7.3.5　实验结果

为了验证两栖机器人 CPG 运动控制方法的有效性，我们在游泳池和野外进行了相关实验，实验中所采用的 CPG 模型基本参数如表 7.2 所示。由于安装于两栖机器人头部和尾部的一对液位传感器可用于感知外部环境，根据式(7.7)将触发身体左右两侧振荡器相位差的跳变(由 $0 \leftrightarrow \pi$)，从而引起输入激励的自主跳变(由 $d_l = d_r < d_{\text{crit}} \leftrightarrow d_l = d_r > d_{\text{crit}}$)，将实现水陆运动模态的自主切换。图 7.12 给出了水陆步态自主切换实验的视频截图。

其中，仅当最后一个仿鱼推进单元没入水中，尾部液位传感器探测到液位环境时，机器人从爬行步态切换为仿鱼游动步态，反之亦然。机器人入水前的设定轮桨转速为 4000r/min($d_l = d_r = 1.27$，$n_l = n_r = 3970 \approx 4000$)，出水时一旦头部液位传感器感知到陆地环境，轮桨转速迅速自动提升到 11 000r/min($d_l = d_r = 1.91$，$n_l = n_r = 11\,010 \approx 11\,000$)，以推动机器人快速上岸。在机器人出水过程中，由于驱动

(a) 入水

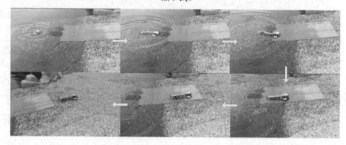

(b) 出水

图 7.12　水陆步态自主切换实验的视频截图

轮桨截面较小，轮子与地面接触的有效面积偏小，我们使用皮垫来增大轮桨与地面间的摩擦力辅助机器人上岸。此外，对于较为复杂地形，可借助转弯运动（$\alpha \neq 1$）来调整机器人入水出水前的合适方位和姿态角。

图 7.13 给出了输入激励和直行游动速度的关系。其中，速度估算由一段时间内机器人游动的距离近似获得，为了提高测量的精确度，测量起始时刻取机器人游动稳定后的某一时刻，且每一个数据点为五次测量的平均结果。

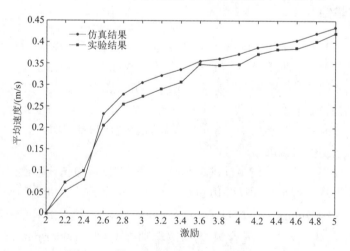

图 7.13　输入激励和直行游动速度的关系

从图 7.13 中可以看出，随着输入激励的不断增大，振荡器频率和幅值不断提高，直游速度也相应增大，并在外界输入激励达到最大值时速度也达到最大。因此，在实际应用中，根据外界环境需要选择低速和高速推进时，只需调整输入激励值即可。此外，当激励由较小的值缓慢增大时，推进速度显著上升。当激励 d 达到 $d_{\text{low},1}$（$d_{\text{low},1}=2.8$）后，速度增长逐渐变得缓慢，原因在于，初始时刻随着激励的增大，关节 J_4 到 J_1 先后相继参与到摆动中来，即此时影响机器人推进速度的因素除了摆动频率和摆动幅值之外，机器人参与摆动的身体长度不断增大也是一个重要因素；当激励超过 $d_{\text{low},1}$ 后，所有的关节均已参与到摆动中来，此时激励进一步增大，影响推进速度的主要因素为摆动频率和摆动幅值，直至激励达到最大值时，相应的摆动频率和摆动幅值也达到最大。实验中，当进一步增大激励，由于物理机构的约束和程序限定（限定 $d \leqslant d_{\text{high}}$），摆动速度不再发生改变。图 7.13 还给出了利用动力学模型仿真得到的对比结果。相比之下，实验结果与仿真结果误差相对较小。在激励较小时，由于关节摆动引起的周围水流环境状态变化，此时机器人随水流漂流，因此测得的实验值比理论仿真结果略高，当激励不断增大时，此时关节摆动产生主要推进作用。实验结果与理论仿真结果曲线走势基本一致，一定程度上表明了流体动力学模型的有效性。

借助 CPG 模型的多样性，我们可以通过调节关节门限值 $d_{\text{low},i}$ 和 $d_{\text{low,pec}}$ 来实现各种不同的推进模式，同时利用物理实验对不同推进模式的推进性能进行比较，为下一步设计具有更高推进效率的新型样机提供指导。这里，我们选择了几种典型的推进模式加以比较，即胸鳍推进型（PF 模式）、身体推进型（BCF 模式）和联合推进型（PF+BCF 模式）三种不同推进方式。图 7.14 给出了三种不同推进模式下的速度测量结果。从图 7.14 中可以看出，身体及尾部在整个推进中起主要作用，单独依靠身体推进与利用所有推进单元共同推进相比，速度相差并不大，而单独

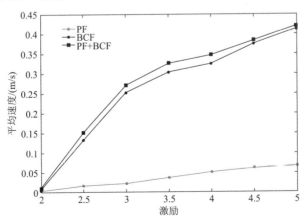

图 7.14　不同直游推进方式的比较

依靠胸鳍推进时速度较小，推进效果并不显著，这与生物学上观察到的鱼类依靠身体和尾部推进、胸鳍维持身体平衡和调整姿态的结论是相符的。

图 7.15 给出了 $d_l=2.5$、$d_r=4.5$ 时，两栖机器人在游泳池内的转弯游动序列。其转向半径为 1.02m，约 1.34 倍体长。在实际控制中，需要对非节律运动过程中的机器人平衡和配重加以微调。同时，由于两栖机器人为刚性连杆连接的模块化结构，除头部外的整个身体部分(约 0.43m)仅包含四个关节，与真实鱼类的柔性体相比，身体柔软度方面略显不足，因此其转弯性能有待进一步提高。此外，实验中还发现，随着方向因子不断偏离中间值 1(即左右输入激励差值不断增大)，机器人的转向半径随之减小，与实际情况是相符的。

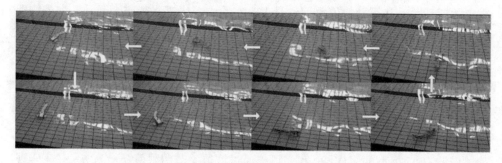

图 7.15   转弯游动场景

为了衡量两栖机器人的三维游动能力，我们测量了不同胸鳍攻角下的机器人下潜速度。图 7.16 给出了下潜过程中胸鳍攻角不同时测得的水平速度、竖直速度及合速度的变化趋势。当攻角 α_p 从 5°开始以 5°步长逐渐增加到 60°时，下潜过程

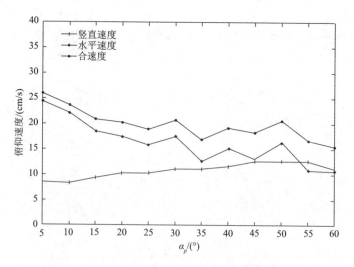

图 7.16   胸鳍攻角与下潜速度之间的关系(d=3.5，a=1)

中，合速度缓慢下降，但变化不大，说明胸鳍姿态调整对推进速度影响不大，从侧面表明了胸鳍在游动推进中的辅助作用。下潜竖直速度随着攻角增大单调上升至 α_p=45°时开始缓慢下降，原因可能在于，此时攻角的继续增大产生了额外的形体阻力，对推进反而造成了不利的影响。

借助于灵活的身体结构和高效机动的轮桨鳍一体化机构，两栖机器人可实现不同环境下的多种运动模态，表 7.4 给出了其性能测试结果。图 7.17 给出了两栖机器人野外运动视频截图，能适应于石子地、滩涂、水草地的爬行运动，同时完成水下直游、倒游、原地转、制动等新模态；特别地，借助于灵活的转体机构，实现仿海豚和仿鱼推进模态的平滑切换。

表 7.4 两栖机器人性能测试结果

测试条目	测试结果
水陆运动速度	水中最高游速大于 0.45m/s，陆地最快行进速度大于 1m/s
水陆切换功能	能实现水-陆、陆-水环境的自动切换
地形适应能力	能适应室内瓷砖地面、游泳池、公园、砂石地面、水草地、坡地等，硬化表面的爬坡倾角约为 15°

(a)砂地、河岸、水草地爬行

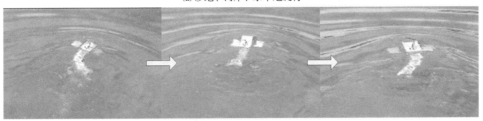

(b)仿鱼/仿海豚切换

(c)倒游、原地转、制动步态

(d) 螺旋桨推进

图 7.17   多模态运动控制实验场景

7.4   耦合传感反馈的自主运动控制

在各种动态或不确定环境下的自主或半自主移动是两栖机器人必须具有的基本运动能力，其难点主要体现在自主运动过程中的可靠性、机动性和高效性方面，而对于机器人运动所处环境的认知程度将从根本上影响机器人在复杂环境下的运动性能。因此融合各种传感信息，建立能够适应复杂环境下稳定自主运动的环境-运动感知系统对于机器人的自适应行为控制是十分必要的。

机器人在运动过程中，必然会遇到周围环境中的障碍物。为了保证机器人自身的安全，机器人应能实现紧急情况下的自我保护，包括成功地躲避障碍物、紧急制动等。由于两栖机器人的移动速度不高，实验条件下地形相对简单，因此采用红外传感器可实现基本的避障功能。考虑到在行进过程中，障碍物多出现于机器人前方，因此在机器人头部前端和两侧各安装一个红外传感器。图 7.18 给出了运动过程中可能出现的几种基本障碍物位置信息，其中考虑到对称性，左侧障碍物与右侧类似。

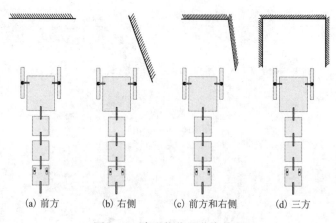

(a) 前方   (b) 右侧   (c) 前方和右侧   (d) 三方

图 7.18   障碍物位置分布简图

机器人实现有效避障最基本的运动形式为转弯运动，即依靠身体体轴两侧不对称的运动实现航向角调整。在前面我们提出了基于 CPG 的多模态运动控制律，通过身体两侧不对称的运动可实现有效转弯，但由于缺少传感信息，机器人遇到障碍物时只能通过操作人员远程手动切换步态实现有效避障。按照 CPG 反馈建模的观点[13]，可通过分别在 CPG 模型内部和外部耦合传感信息来实现自主避障，如图 7.19 所示，其中外部传感反馈通过改变障碍物信息自动调整高层方向因子 α 实现左右两侧不对等的激励信号，而内部传感反馈通过在振荡器方程中耦合传感信息来改变振荡器的输出波形。

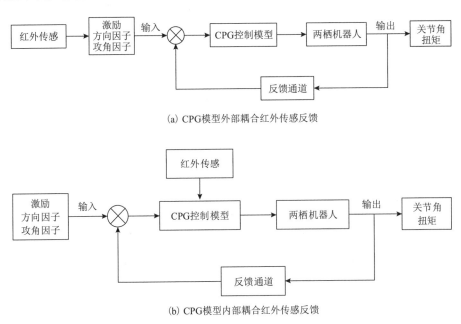

(a) CPG模型外部耦合红外传感反馈

(b) CPG模型内部耦合红外传感反馈

图 7.19　CPG 模型耦合红外传感反馈控制框图

在本节中，我们将建立耦合红外传感反馈 CPG 模型的两栖机器人智能避障控制方法。该控制方法设计分为两步：首先，通过模糊控制器建立障碍物距离信息与机器人避障关节角度偏移量之间的映射关系，并对传感状态信息进行聚类；其次，将关节角度偏移量信息耦合到 CPG 模型的振荡器方程中，根据角度偏移量信息来调整运动步态，最终实现障碍物信息与机器人运动步态之间的感知-运动协调。

7.4.1　基于模糊控制器的障碍物信息聚类

两栖机器人在运动过程中，障碍物与机器人之间的相对位置不断发生动态改变，触发安装在机器人前端各方的红外距离传感器，根据障碍物与机器人的测量距离变化产生不同的模拟电压输出信号，且输出与距离呈反比非线性关系。机器人必须根据三个传感器采集的距离信息不断调整关节偏航角以实现有效转弯，避免与障碍物发生碰撞。传感器距离信息和关节偏航角都是连续变化的物理量，要想实现精确的调整和控制，在动态环境下是不现实的。同时，受到传感器测量误差及机器人驱动机构反应速度的局限，实现瞬时精准控制在一定程度上也是不必要的，而避障过程中对机器人机构本体最大限度的保护则是至关重要的。借鉴生物体在行进过程中的避障方式，我们采用模糊逻辑来控制两栖机器人在动态环境下的避障行为，在保证一定避障能力和控制精度的前提下，尽可能地减小机器人身体姿态的过度、频繁调整，提高机器人在运动过程中的稳定性。有关模糊控制器的设计大多依赖于工程和实践经验，其实质即将基于专家知识的控制策略转化为自主控制策略，提供一种相对精确的近似结果，实现复杂动态环境下的有效控制。本节将利用模糊控制智能算法建立障碍物距离信息与关节偏转量之间的对应关系，并通过状态聚类实现红外传感信息与机器人各个关节驱动机构执行动作间的直接映射。

1. 模糊控制器设计

该模糊控制系统的输入信号来自三个红外传感器测量的距离信息，根据三个距离信息的融合来确定机器人的转弯关节角度偏移量，调整机器人的偏转方向和姿态角。首先，将实际测得的距离信息经过模糊化处理转换成模糊量；然后，根据该模糊量计算模糊控制规则；最后，经过解模糊转换成精确控制量对偏转方向进行控制。在这种方法中，关节角度偏移量叠加在机器人身体及尾部各个关节上，用于改变机器人身体形状实现转弯避障运动。为简化起见，各个关节偏移量叠加采用相同的形式，只是叠加角度大小不同而已，因此，这里以单一关节叠加偏移量为例，对不同关节只需在解模糊时采用不同的比例因子即可。此外，由于机器人水下运动模态更为丰富，地面基本运动形式(如直行、转弯、后退、制动)可由水下某种运动方式类比得到，而水下还有诸如原地转、上升/下潜等，因此这里的避障控制以水下运动为主考虑。

两栖机器人自主避障系统模糊控制器的基本框图如图 7.20 所示。控制器输入变量为传感器信息，其中，FD 为前方传感器测量到的障碍物距离，BD 为两侧传感器测量到的障碍物距离。这里考虑到对称性，对左右传感器进行融合处理，相应的障碍物距离定义为正负量，其中，正值表示右侧障碍物距离，负值表示左侧障碍物距离，而根据障碍物距离信息要调整的偏航角 β 作为输出变量。

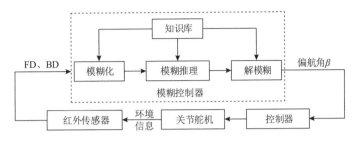

图 7.20　两栖机器人自主避障系统模糊控制器的基本框图

(1) 模糊化。由于红外测距传感器的测量距离范围为[10,80]，而输出电压量与障碍物距离呈非线性关系，因此采用非线性尺度变换，将输入距离值划分为六个等级：{10~20, 20~30, 30~40, 40~50, 50~60, 60~80}，并定义输入变量 FD 论域范围为[0,6]，其语言值 $\widetilde{FD}$ 定义为 {PB, PM, PS}，而两侧传感器的测量范围为[−80,80]，定义 BD 论域范围为[−6,6]，其语言值 $\widetilde{BD}$ 为 {NB, NM, NS, PS, PM, PB}。这里以第一个关节为例，输出偏航角 β_1 为连续量，出于对转体机构的保护，限定 β_1 范围为[−30°,30°]（对于地面偏转转弯，该值可适当放大），并采用线性尺度变换，其输出变量论域范围为[−6,6]，相应的比例因子 $k_1=30/6=5$，其语言值 $\widetilde{\beta_1}$ 定义为 {NB, NM, NS, ZE, PS, PM, PB}，其他几个关节的比例因子可依次记为 k_2、k_3、k_4。

(2) 知识库。两栖机器人自主避障的基本思路是：当机器人距离障碍物较近时，为了最大限度地保护机构本体，相应的关节偏航角应当较大；当距离较远时，偏航角较小。当传感器只感知到前方障碍物时，机器人可左转或右转，为了避免歧义，规定机器人左转。特别地，当机器人遇到三方障碍物而进入死区时，为了避免控制算法死循环，对驱动机构进行强制制动处理。为了提高避障过程中的机构稳定性，在实际中会考虑根据障碍物信息实时调整机器人移动速度协调转弯，如当机器人身体两侧均存在障碍物且距离较近时（如通过狭窄通道），虽然此时要求身体"复位"（恢复到中间位置），但为了避免前方危险，可以适当降低其行进速度。障碍物信息输入变量 $\widetilde{FD}$、$\widetilde{BD}$ 的隶属度函数通过实验数据初步确定，如表 7.5、表 7.6 所示，而输出变量 $\widetilde{\beta_1}$ 的隶属度函数采用三角函数，如图 7.21 所示。

表 7.5　前方传感器 $\widetilde{FD}$ 的隶属度函数赋值表

$\widetilde{FD}$	FD						
	0	1	2	3	4	5	6
PS	1	0.8	0.4	0.1	0	0	0
PM	0	0.4	0.8	1	0.8	0.4	0
PB	0	0	0	0.1	0.5	0.8	1

表 7.6　两侧传感器 $\widetilde{BD}$ 的隶属度函数赋值表

$\widetilde{BD}$	BD												
	−6	−5	−4	−3	−2	−1	0	1	2	3	4	5	6
NB	1	0.8	0.5	0.1	0	0	0	0	0	0	0	0	0
NM	0	0.4	0.8	0	0.8	0.4	0	0	0	0	0	0	0
NS	0	0	0	0.1	0.4	0.8	1	0	0	0	0	0	0
PS	0	0	0	0	0	0	1	0.8	0.4	0.1	0	0	0
PM	0	0	0	0	0	0	0	0.4	0.8	1	0.8	0.4	0
PB	0	0	0	0	0	0	0	0	0	0.1	0.5	0.8	1

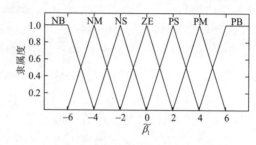

图 7.21　控制量 $\widetilde{\beta_1}$ 的隶属度函数

（3）模糊推理。依据专家经验，由于 FD 和 BD 的模糊分割数分别为 3 和 6，可以归纳得到 18 条模糊控制规则。结合实验，归纳模糊控制规则如表 7.7 所示。该表包含了最大可能的规则数。

表 7.7　模糊规则表

$\widetilde{FD}$	$\widetilde{BD}$					
	NB	NM	NS	PS	PM	PB
PS	NM	NM	NB	PB	PM	PM
PM	NS	NM	NM	PM	PM	PS
PB	ZE	NS	NS	PS	PS	ZE

（4）解模糊。采用重心法求取控制量的精确值，得到最终的控制量实时查询表，如表 7.8 所示。其中，各个计算值结果进行了四舍五入处理，因此表中相邻空格内的实际计算值是有小量偏差的。需要特别注意的是，0^1 的计算结果为 0，事实上由于此时两侧红外传感器均探测到障碍物，且障碍物距离很近（NS），机器人身体偏转会对机械本体造成损坏，因此根据避障策略机器人身体复位，输出控制量 β_1=0，再结合前方障碍物信息进行决策，当前方障碍物距离较远（$\widetilde{FD}$=6）时，机器人继续前行，同时不断监测障碍物信息，以表中 0^3 标示；当前方障碍物逐步靠

近时($\widetilde{FD}$=5→0),机器人应采取减速加后退/倒游的运动步态。0^2的计算值为0.67,表中取数值 0,表示在一侧障碍物情形下,机器人可以微调整方向转弯或继续前行并不断探测障碍物信息。因此,从这个查询表来看,符合机器人在遇到不同障碍物条件下应采取的避障措施,是有效的。在进行实际自主避障控制时,还需将表中结果乘以相应的比例因子 k_1、k_2、k_3、k_4,作为障碍物位置信息对应的身体偏航角,该角度可转换成方向因子等容易控制的系统输入量,存储到内存中,供实时运动时查询使用。

表 7.8 两栖机器人自主避障模糊控制查询表

$\widetilde{FD}$	$\widetilde{BD}$												
	−6	−5	−4	−3	−2	−1	0	1	2	3	4	5	6
0	−4	−4	−4	−5	−5	−6	0^1	6	5	4	4	4	4
1	−3	−3	−4	−4	−5	−5	0^1	6	4	4	4	4	3
2	−3	−3	−3	−4	−5	−5	0^1	5	4	4	4	3	2
3	−2	−3	−3	−3	−4	−4	0^1	4	4	4	3	2	2
4	−1	−2	−2	−2	−3	−3	0^1	3	3	3	2	2	1
5	0^2	−1	−2	−2	−3	−3	0^1	3	3	2	2	1	0^2
6	0^4	−1	−1	−1	−2	−2	0^3	2	2	2	1	1	0^4

注:0^1 对应后退/倒游,0^2 对应微偏转,0^3 对应缓慢直行,0^4 对应无障碍物情形。

2. 传感信息聚类

表 7.8 中的数据事实上建立了传感-驱动之间的直接映射,机器人只需根据障碍物信息实时查询相应的关节偏转量,即可完成有效转弯,实现两栖机器人的自主避障控制,这种方法实质上为外部耦合传感反馈的避障控制,如图 7.19(a)所示。然而,实际应用中发现,由于传感-驱动映射决定了避障过程中机器人会根据障碍物信息调整身体形状,而随后身体形状改变又会引起探测距离的变化,如此反复,造成机器人身体关节的频繁调整。因此,该直接切换方式容易引起机器人本体振动等一系列稳定性问题,给机器人的平稳运行带来一定风险。考虑到 CPG 本身的非线性,以及状态极限环的存在使系统具有一定的抗干扰能力,能够从任一初始条件(不稳定点除外)进入稳定状态,而模糊控制智能决策算法能实现传感信息与驱动机构动作间的直接映射,将两者结合起来,可以利用模糊控制对传感反馈信息快速聚类,实现避障过程中身体形状的自主、平稳切换,在一定程度上可提高机器人运动的稳定性和协调性。

按照偏转量和图 7.21 的原理,对表 7.8 中数据进行聚类分析。为了便于分析,对 $\widetilde{BD}$ 和 $\widetilde{FD}$ 进行二进制编码,记为 $\vec{s}$,其中每位取值 0 或 1,从高到低依次为 bit6, bit5, $\cdots$, bit0,且

（1）低四位 bit3～bit0 代表 $\widetilde{BD}$，低四位中高位 bit3 代表符号位，0 为负（对应左侧），1 为正（对应右侧），低三位 bit2～bit0 为数值位，其有效值为 001～110（对应 1～6），低四位为 0000 时对应 $\widetilde{BD}=0$；

（2）高三位 bit6～bit4 代表 $\widetilde{FD}$，无符号位，其有效值为 001～111（对应 0～6）。以 0100011 为例，代表 $\widetilde{FD}=1$，$\widetilde{BD}=-3$，则可查找 $\widetilde{\beta_1}=-4$。根据该编码原理，可得到统计表 7.9。

表 7.9 中，$f(\vec{s})=0$ 对应表 7.8 中的不同零值，称为特殊状态，此时通过非转弯模态（如倒游、原地转、制动等）来实现避障运动。在实际应用中，会发现在避障过程中随着机器人运动方向的调整，前方障碍物可能会转变成一侧障碍物，相应的传感输入状态相继发生变化，从而需要不断调整相应的关节偏航角，它们之间是一个互相调整的过程。两栖机器人避障过程中，其关节运动控制信号仍然由CPG 模型来产生，由于 CPG 振荡器本身具有极限环的特性，当传感反馈引起模型参数改变时，CPG 输出并不发生瞬时跳变，而是以一定的速度（与 CPG 模型时间常数有关）收敛到新的目标状态，因此利用 CPG 模型的抗干扰特性在一定程度上能提高机器人的稳定性。

表 7.9 传感信息聚类

$f(\vec{s})$	传感器输入状态 $\vec{s}$
−6	0010001、0100001
−5	0010011、0010010、0100010、0110010、0110001
−4	0010110、0010101、0010100、0100100、0100011、0110011、1000010、1000001
−3	0100110、0100101、0110110、0110101、0110100、1000101、1000100、1000011、1010010、1010001、1100010、1100001
−2	1000110、1010101、1010100、1010011、1100011、1110010、1110001
−1	1010110、1100101、1100100、1110101、1110100、1110011
1	1011110、1101101、1111100、1111101
2	0111110、1001101、1001110、1011100、1011101、1101011、1101100、1111001、1111010、1111011
3	0101110、0111101、1001100、1011001、1011010、1011011、1101001、1101010
4	0011011、0011100、0011101、0011110、0101100、0101101、0111010、0111011、0111100、1001001、1001010、1001011
5	0011010、0111001
6	0011001、0101001
0	0010000、0100000、0110000、1000000、1010000、1100000、1110000、1100110、1110110、1101110、1111110

7.4.2　耦合红外传感反馈的避障控制

基于模糊控制方法的障碍物信息聚类建立了传感-驱动之间的关联,也可直接用于避障控制,但其实质是改变 CPG 模型的高层控制指令,从而引起 CPG 模型的振荡器输出发生相应的变化以达到期望目标状态,而 CPG 模型结构和振荡器内部特性并没有发生任何改变,因此仍属于外部反馈。本节中,我们尝试在 CPG 模型内部耦合传感反馈,即将传感信息耦合到振荡器微分方程中[14]。

1. 耦合红外传感反馈的振荡器方程

由于引入红外传感反馈的目的是产生机器人身体两侧的不对称运动,即改变 CPG 网络中左右两侧振荡器的振荡幅值,使左右振荡器输出差值不再保持在中间位置,而是跟随着左侧、右侧和前方障碍物的反馈信息产生相应的非对称性波形输出,用于调整身体形状转弯避障。因此,实现耦合红外传感反馈的直接方法是改变振荡器方程中描述幅度特性的式子,即将原振荡器方程修改为

$$\begin{cases} \dot{\phi}_i = 2\pi f_i + \sum_{j \in T(i)} a_j w_{ij} \sin(\phi_j - \phi_i - \gamma_{ij}) \\ \dot{a}_i = \tau_i(A_i - a_i) + \tau_i \operatorname{sgn}(\text{body}) f_{in}(\vec{s}) \\ \chi_i = a_i(1 + \cos\phi_i) \end{cases} \tag{7.15}$$

式中,$f_{in}(\vec{s}) = k_1 f(\vec{s}) \cdot \pi / 360$ 为不依赖于时间的常量,由表 7.9 直接获得;sgn(body) 为符号函数,根据图 7.6,对于机器人左侧振荡器其值取 1,右侧振荡器为 -1,其他条件无定义。

求解该微分方程,可得 $a_i(t) = A_i + \varsigma \mathrm{e}^{-\tau_i t} + \operatorname{sgn}(\text{body}) f_{in}(\vec{s})$,当 $t \to \infty$ 时,$a_i \to A_i + \operatorname{sgn}(\text{body}) f_{in}(\vec{s})$,其中 ς 由初始条件决定。因此,通过采集探测到的三侧传感器状态信息 $\vec{s}$ 来改变 $f_{in}(\vec{s})$ 的值,可调整振荡器输出幅值,从而达到避障的目的。求解左右振荡器输出,得到

$$\begin{cases} \chi_i^\infty = (A_i + \operatorname{sgn}(\text{body}) f_{in}(\vec{s}))(1 + \cos\phi_i) = (k_{A,i} d_l + b_{A,i} + f_{in}(\vec{s}))(1 + \cos\phi_i) \\ \chi_{i+6}^\infty = (A_{i+6} + \operatorname{sgn}(\text{body}) f_{in}(\vec{s}))(1 + \cos\phi_{i+6}) = (k_{A,i} d_r + b_{A,i} - f_{in}(\vec{s}))(1 - \cos\phi_i) \end{cases} \tag{7.16}$$

式(7.16)的两个式子相减,可得到关节角控制量:

$$\varphi_i^\infty = \chi_i^\infty - \chi_{i+6}^\infty = k_{A,i}(d_l - d_r) + 2f_{in}(\vec{s}) + \left(k_{A,i}(d_l + d_r) + 2b_{A,i}\right)\cos\phi_i \tag{7.17}$$

假定在无障碍物条件下,机器人保持直游状态,即 $d_l = d_r = d$,代入式(7.17)得

$$\varphi_i^\infty = \chi_i^\infty - \chi_{i+6}^\infty = 2f_{in}(\vec{s}) + 2(k_{A,i} d + b_{A,i})\cos\phi_i \tag{7.18}$$

根据式(7.18)，在无障碍物条件下，$f_{in}(\vec{s})=0$，机器人保持直游无影响；在出现障碍物时，传感反馈项 $f_{in}(\vec{s})$ 决定了机器人关节摆动波形叠加偏移量的大小和方向，即引起相应的转弯避障运动。至此，利用模糊控制和CPG运动控制律，建立了耦合红外传感反馈的避障控制CPG模型，通过障碍物信息输入来调整CPG模型的输出，实现避障过程中运动步态之间的平滑、稳定切换。

2. 耦合红外传感反馈的自主避障控制

利用水下游动CPG控制模型，可测试障碍物状态信息变化时的避障控制算法，假定 $f_{in}(\vec{s})$ 按照 $0\to0.17\to0\to-0.17\to0$（0.17对应20°的偏移量）规律变化，间隔时间为2s，输入激励 $d=3.5$，代入式(7.15)，可求得相应的关节角输出控制信号。由于两栖机器人身体及尾部有多个摆动关节，通过设置模糊控制器中各个关节的比例因子可实现不同形式的关节驱动转弯。图7.22描述了利用关节 J_1 单独偏转转弯的关节角输出信号，其中，$k_1=5, k_2=0, k_3=0, k_4=0$。图7.22中虚线部分为关节 J_1 摆动时的中轴位置。在运动过程中，障碍物信息引起关节 J_1 的偏转，从图7.22中可以看出，CPG输出曲线 φ_1 在 $t=2$、4、6、8s时刻平滑过渡，未出现急剧跳变的情形，避免了机构振荡，对样机本体起到了很好的保护。

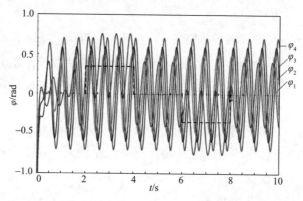

图7.22　利用 J_1 转弯避障的输出关节角信号(见书后彩图)

当设定 $k_1=5, k_2=4, k_3=2, k_4=1.5$ 时，图7.23给出了利用四个关节 J_1~J_4 协调偏转转弯的关节输出序列。CPG输出波形实际上完成了机器鱼"直游→转弯避障→直游→转弯避障→直游"的步态切换，步态切换过程中波形过渡平滑，未出现"尖峰"异常，其原因在于，CPG模型本身的抗干扰特性在一定程度上保证了步态切换的稳定性。同理，通过设置不同的比例因子值 $\{k_1, k_2, k_3, k_4\}$，可实现身体弯曲度不等的转弯运动，而选取较为合适的参数集将有利于实现更为机动灵活的非节律运动，有望提高机器人的运动性能。

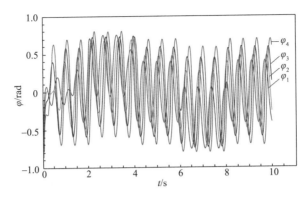

图 7.23 利用 $J_1 \sim J_4$ 协调转弯避障的输出关节角信号(见书后彩图)

在前面,我们已经实现了两栖机器人的多模态运动控制,包括转弯、倒游、原地转等。事实上,转弯只是避障方式的一种,这几种步态对于机器人躲避障碍物都是十分有效的,例如在奔向目标点过程中机器人误入障碍物死区时,可通过倒游退出死区环境后,再执行转弯动作继续向目标点前进,如图 7.24(a)所示,目标物体代表机器人要达到的目标位置,虚线部分代表机器人奔向目标点的自主运动轨迹。此外,机器人在漫游状态下陷入死区时,采取原地转模式对于往返巡游是一种较好的避障策略,图 7.24(b)展示了机器人在小型游泳池内漫游时的避障策略,虚线部分描述了漫游时的运动轨迹,机器人在到达游泳池一端探测到障碍物时,通过原地转模式调整航向 180°后继续漫游。

因此,对红外传感反馈项 $f_{in}(\vec{s})$ 扩充定义,在出现表 7.9 中特殊状态时,调整胸鳍机构,实现倒游、原地转等模态,对于逃离障碍物死区、避免控制规则死循环是一种相对有效的解决方式。然而,需要注意的是,此时的传感耦合由于介入了胸鳍机构的姿态调整,传感反馈偏向于弱耦合。通过集成多种游动步态,可最终实现耦合红外传感反馈的多模态避障控制及切换。

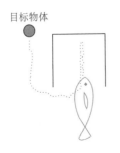

(a) 倒游离开死区

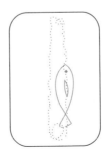

(b) 漫游时原地转避障

图 7.24 多模态避障

由于转弯、倒游、原地转模式都是避障过程中的有效步态，为了确定机器人的目标状态和相应的避障行为措施，定义避障行为函数 $Act_{obstacle}$，转弯 Act_{turn}、倒游 Act_{back}、原地转 Act_{spot} 三种避障策略的权值分别为 w_1、w_2、w_3，则

$$Act_{obstacle} = w_1 Act_{turn} + w_2 Act_{back} + w_3 Act_{spot} \qquad (7.19)$$

式中，$w_1 + w_2 + w_3 = 1$，且为互斥量，即三种策略分时采用。由于倒游和原地转时机器人依靠胸鳍单独推进，游动速率较低，因此一般情况下，为了保证推进效率，机器人多采用转弯方式避障，即 $w_1 = 1$，而倒游、原地转等措施一般通过外部高层指令信息强行赋值，如奔向目标点过程中遇到三方障碍物，为了避免通道过窄转弯不便，以及原地转调整航向耗时长等因素，采取倒游离开死区是一种相对有效的措施，此时可增大 $w_2 = 1$，而往返巡游时采用原地转对于原路返回不失为一种好的行为策略，即 $w_3 = 1$。

7.4.3　耦合触觉传感反馈的俯仰控制

除了集成液位传感反馈实现水陆模态切换、红外传感反馈实现自主避障之外，我们还可以考虑在机器人顶端和底部集成触觉传感器，实现机器人在漫游状态下的上升/下潜功能。当机器人在水面漫游时，如果受到来自水面的外界干扰，如人手触摸，机器人将在顶端触觉传感器的感知下迅速下潜，躲避潜在的威胁或实现人机互动游戏等功能。一旦机器人在水底漫游，触碰到底部障碍物或危险物时，机器人将迅速上升逃离危险区。

机器人的这种自主运动功能类似于自然界真实鱼类在漫游状态下的紧急行为。这里，我们通过集成外部触觉反馈实现机器人的自主俯仰运动，即一旦外部触觉传感器感知到触觉信息，机器人将调整胸鳍攻角因子 α_{pl} 和 α_{pr} 来实现基于 CPG 模型的俯仰运动控制。通过耦合红外传感反馈，可调整各个身体关节振荡器的振荡幅值来实现自主转弯运动，同理，由于左右胸鳍与身体各个关节振荡器类似，通过触觉传感反馈调整胸鳍振荡器的振荡幅值，可产生相对于水平面非对称的往复振荡信号，即实现有效的俯仰控制，由于原理相同，不再赘述。

7.4.4　仿真和实验

1. 仿真

利用 ADAMS 软件进行两栖机器人的自主避障运动仿真。图 7.25 显示了机器人在前进过程中遇到前方障碍物时的几种避障策略。

图 7.25 中，路径 1 为采用基于耦合红外传感反馈 CPG 模型的自主避障控制结果，其中 S 为运动起始点。由于 CPG 模型的极限环特性，在障碍物距离信息变化过程中，虽然表 7.9 中的传感器输入状态信息不断改变，特别是在感知状态变化瞬间（如机器人身体调整导致感应到先前未探测到的另一侧障碍物时）可能产生关节角突变，但是经过 CPG 模型计算处理后的波形呈现一定的光滑性，在过渡时刻能保持一定的波形连续性，一定程度上克服了突变等非稳定因素，因此避障后机器人航向调整（偏离起始时刻运动方向）较小。图 7.25 中路径 2 对应直接利用传感-驱动之间的映射关系得到的避障结果，相比于经过 CPG 模型耦合处理，机器人避障转弯后身体偏转量较大，而路径 3 中采用普通的红外传感器，只能探知障碍物并输出高低电平信号而无法测量精确的障碍物距离信息，其精度较低，因此在避障过程中出现机器人关节反复来回调整、步态顺滑性较差等不足。相比较而言，耦合红外测距传感反馈的 CPG 避障控制对于提高步态稳定性及步态切换过程中的平滑性都有一定的优势。

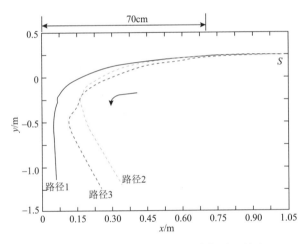

图 7.25　前方障碍物时机器人头部重心轨迹

图 7.26 给出了机器人在前进过程中先后遇到前方和左侧障碍物时的转弯避障结果。当机器人探测到前方障碍物时，根据避障策略机器人微调整身体左转，随着前方障碍物距离继续靠近，偏航角继续增大，当运动到一临界位置 C 时开始感应到左侧障碍物，由于此时机器人保持惯性继续左转，为了紧急避障机器人采取急右转，由 CPG 模型处理后的关节角偏转表现为以较大加速度迅速达到反向最大，而不是急剧跳变，直至开始远离障碍物，输出等级降低，此时减小身体偏转程度，直至周围障碍物探测距离超过感应区，机器人恢复身体中轴位置继续前行。

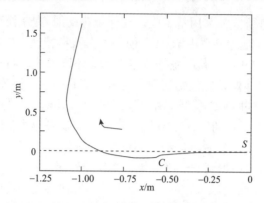

图 7.26　前方和左侧障碍物下机器人头部重心轨迹

2. 实验

利用两栖机器人样机平台对耦合红外传感反馈 CPG 模型的自主避障控制进行实验验证。机器人运动环境为实验室小型水池，不宜做长距离巡游，同时为了避免"起动-加速-减速-惯性"下机器人与前方池壁发生碰撞，这里采用原地转的避障策略，即令 $w_3 = 1$。图 7.27 给出了实验过程中的视频截图。起始时刻机器人两侧传感器均感应到障碍物信息，因此机器人采取直游运动模式，直至逐渐靠近水池另一端时，前方传感器开始探测到池壁，机器人迅速调整运动步态，从直游模式切换到原地转模式，直至身体调整将近180°时，前方传感器"失效"（探测不到障碍物），机器人从原地转模式切换为直游模式继续前进。在整个漫游过程中，机器人游动速度采取较低值，避免惯性作用下与池壁发生碰撞，同时防止原地转避障后机器人头部航向调整过度。

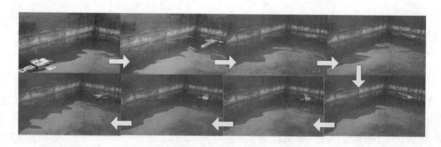

图 7.27　原地转自主避障场景

7.5　小结

本章针对两栖机器人的运动实现和行为控制开展研究，设计了具有多种基本运动模态的原理样机，对于水陆两栖运动控制和多模态行为实现与切换进行了深入研究，提出了基于 CPG 的多模态运动控制，提出耦合液位传感器的水陆 CPG 复合控制模型，实现了两栖机器人水陆自主运动及步态切换，并进一步建立了基于有限状态机的多模态选择和切换机制。为了实现两栖机器人的自主避障运动控制，提高运动可靠性，采用红外测距传感器探测障碍物距离信息。针对障碍物距离信息，设计了模糊控制规则集，并对模糊输出量进行了聚类分析，获得了传感-驱动之间的映射关系；在此基础上，将传感信息耦合到振荡器幅值方程中，建立了耦合红外传感反馈 CPG模型的自主避障控制方法，并通过仿真和实验验证了该自主避障策略的有效性。

参 考 文 献

[1] Nicholls J G, Martin A R, Wallace B G, et al. 神经生物学——从神经元到脑[M]. 杨雄里, 等, 译. 北京: 科学出版社, 2003.

[2] Shepherd G M. 神经生物学[M]. 蔡南山, 译. 上海: 复旦大学出版社, 1992.

[3] Hatsopoulos N G. A neural pattern generator that tunes into the physical dynamics of the limb system[C]. Proceedings of the IEEE International Joint Conference on Neural Networks, 1992: 104-109.

[4] Liu L, Wright A B, Anderson G T. Trajectory planning and control for a human-like robot leg with coupled neural-oscillators[C]. Proceedings of the 7th Mechatronics Forum: International Conference and Mechatronics Education Workshop, 2000.

[5] Bay J S, Hemami H. Modeling of a neural pattern generator with coupled nonlinear oscillators[J]. IEEE Transactions on Biomedical Engineering, 1987, 34(4): 297-306.

[6] Chua L O, Roska T. The CNN paradigm[J]. IEEE Transactions on Circuit and Systems - I: Fundamental Theory and Applications, 1993, 40(3): 147-156.

[7] Chua L O, Yang L. Cellular neural networks: theory[J]. IEEE Transactions on Circuit and Systems, 1988, 35(10): 1257-1272.

[8] Chua L O, Yang L. Cellular neural networks: applications[J]. IEEE Transactions on Circuit and Systems, 1988, 35(10): 1273-1290.

[9] Rand R H, Cohen A H, Holmes P J. Systems of coupled oscillators as models of central pattern generators[M]//Cohen A H, Rossignol S, Grillner S. Neural Control of Rhythmic Movements in Vertebrates. New Jersey: John Wiley & Sons, Inc. 1988: 333-367.

[10] Cohen A H, Holmes P J, Rand R H. The nature of the coupling between segmental oscillators of the lamprey spinal generator for locomotion: a mathematical model[J]. Journal of Mathematical Biology, 1982, 13: 345-369.

[11] Grillner S, McClellan A, Perret C. Entrainment of the spinal pattern generators for swimming by mechano-sensitive elements in the lamprey spinal cord in vitro[J]. Brain Research, 1981, 217(2): 380-386.

[12] Ijspeert A J, Crespi A, Ryczko D, et al. From swimming to walking with a salamander robot driven by a spinal cord model[J]. Science, 2007, 315(5817): 1416-1420.

[13] 汪明. 基于 CPG 的仿生机器鱼运动建模与控制[D]. 北京: 中国科学院研究生院, 2010.

[14] Pouya S, van den Kieboom J, Spröwitz A, et al. Automatic gait generation in modular robots: "to oscillate or to rotate; that is the question"[C]. IEEE/RSJ International Conference on Intelligent Robots and Systems, 2010:514-520.

8
总　　结

上九天揽月，下五洋捉鳖。海洋开发及利用一直以来都是人类关注的焦点。而面向海洋开发利用的海洋机器人也备受关注。以海洋生物为对象的仿生推进研究也硕果不断，为海洋开发利器研制提供了丰富的理论基础和技术参考。本书以水下仿生智能机器人的设计与控制为背景，结合国家自然科学基金、北京市自然科学基金等项目，对仿生机器鱼、机器水母和两栖机器人的推进机理、机构设计、运动控制、智能决策及系统集成等一系列问题展开了研究、分析和讨论。通过对现有研究的总结跟归纳，水下仿生智能机器人研究正朝着以实际应用为导向，以高机动、高速度及高效率的仿生推进方式为依托，以复杂海洋环境感知与智能决策为突破的方向快速发展，以满足面向任务型的高性能水下移动智能作业平台的重大需求和要求。

8.1　内容总结

1. 灵活多样的水下仿生平台

复杂的海洋生存环境迫使生物进化出了与环境相适应的形态结构和运动机制。基于仿生学原理，研究水下仿生智能机器人，通过模仿海洋生物的形态、运动和行为，提高水下机器人的运动能力和智能水平，将具有重要的理论意义和实用价值。海洋生物繁多，游动方式各异，为仿生研究提供了丰富的模仿对象。本书第 2 章首先以鲨鱼为对象，研究了海洋生物广泛采用的身体及尾鳍波动推进方式，研究了多连杆机构模仿鱼类的波动推进并配合两侧的胸鳍实现三维运动。然后，转向具有典型运动特点的水母，重点研究了水母的喷射式推进方式。受生物水母自由灵活运动的特点及独特的喷射推进模式的启发，第 6 章研发了一种具有铰链多连杆机构及重心调节机构的新型仿生机器水母。通过基于多连杆机构的四肢摆动，机器水母实现了真实水母收缩舒张的喷射式推进，同时采用重心调节机构通过两个配重块水平方向与竖直方向的协调运动，完成三维姿态调整，实现了较好的三维机动能力。仿生设计启发于大自然，而又不局限于大自然。第 7 章根据两栖机器人的运动步态和功能需求，提出了一种集地面仿轮式爬行、水中仿鱼/仿海豚式复合推进于一体的多模态运动推进方案。通过设计专门的转体机构，实现了仿鱼和仿海豚游动模式的切换，体现了对复杂多样的生存环境的适应能力。

2. 稳定的多模态运动控制

研究表明，动物的节律运动多数受控于体内神经元组织 CPG。它能够在无节律控制或者无反馈输入的情况下，产生节律信号，控制生物体的周期性运动，并实现多个模态间的平滑切换。鉴于良好的鲁棒性、适应性及易调节输出信号等优点，CPG 被广泛应用于机器人控制。本书以水下仿生智能机器人为平台，根据其结构特点及运动需求，构建了相适应的仿生 CPG 控制器，实现了水下仿生平台稳定的多模态运动控制。针对研制的多关节仿生机器鲨鱼，第 2 章采用仿生 CPG 模型构建了底层运动控制器，实现了仿生机器鲨鱼的直游、转向、浮潜等多模态运动，并详细分析了仿生 CPG 模型特征参数对仿生机器鲨鱼游动性能的影响。进一步，通过耦合传感反馈，又改进了仿生 CPG 模型，实现了各种自适应运动步态及它们之间的平滑切换。针对水陆不同的驱动机构和运动形式，第 7 章提出了耦合液位传感反馈的 CPG 控制方法。根据液位传感器采集到的不同环境信息，调整身体左右两侧振荡器之间的相位关系，完成地面关节锁定和水下往复摆动两种不同的振荡方式，实现了地面和水下不同运动形式。在此基础上，借助一对灵活的机械胸鳍机构，实现了俯仰、倒游、原地转等多模态运动，并建立了两栖机器人多模态运动的特征行为参数集。同时，第 7 章提出了一种耦合红外传感反馈 CPG 的自主避障控制策略。根据三个红外传感器采集到的障碍物距离信息，进行细化分析，建立了避障模糊控制规则表，并对模糊控制输出进行聚类分析，将其结果耦合到振荡器幅值方程中，最终实现两栖机器人的自主避障。

3. 基于视觉的水下环境感知

环境感知问题是智能机器人研究的重要内容，是机器人迈向智能化的前提。海洋机器人所搭载的视觉系统主要包括声呐系统和光学系统。得益于声波在水中可远距离传播，声呐成为一种理想的水下探测与环境感知手段。但是，由于体积大、功耗高、价格贵，声呐难以应用于小型海洋机器人。随着光学视觉技术快速发展，大量高性能光学视觉系统被研制成功，并得到广泛应用。鉴于光学系统的信息直观、颜色纹理丰富，基于光学系统的水下环境感知具有重要的潜在应用价值，如海洋生物观察、水产养殖、海洋输油/气管道巡检等。本书针对仿生机器鱼基于视觉的水下目标跟踪问题展开了深入研究。首先，为了解决仿生机器鱼波动推进造成的头部晃动、视觉信号采集困难的问题，第 3 章设计了面向仿生机器鱼的视觉稳定系统——图像增稳云台。以摄像头上的 IMU 作为反馈信号，以仿生机器鱼身体上的 IMU 作为前馈信号, 构建了一个前馈反馈控制器用以保持摄像头姿态稳定, 实现了视觉稳定功能。然后, 设计了仿生机器鱼的主动视觉跟踪系统。利用核化相关滤波算法对仿生机器鱼所采集图像中的目标物体进行视觉跟踪, 同时根据图像目标位置推断目标物体相对摄像头的方位, 并以此方位控制主动视觉跟踪系统的摄像头趋向于目标物体旋转, 实现对目标物体的主动视觉跟踪。此外, 为了实现水下目标的三维跟踪控制, 第 5 章给出了基于人工地标的三维识别与定位方法, 快速准确地获取目标三维位置信息。当前, 前期工作需要对人工目标进行识别与感知, 例如, 基于自适应颜色阈值自动识别目标、利用加权颜色直方图描述目标模型, 并利用连续自适应的 Mean Shift 算法确定目标在图像中的位置等。

4. 基于强化学习的智能控制

智能机器人的发展趋势是具有自主学习能力, 能够通过与环境交互, 实现学习和进化, 提高智能化程度。当然, 传统非学习的智能控制方法也能够一定程度上实现较好的控制效果。例如, 针对三维目标跟踪问题, 第 5 章提出了高效简洁的三维跟踪控制框架, 将三维跟踪控制划分为定向控制与定深控制。通过基于模糊滑模的定深控制方法, 保证机器鱼准确地保持在目标所在的深度; 同时, 采用多阶段的定向控制方法, 通过可靠的控制策略协调仿生机器鱼灵活运动与控制精度。但是, 水下仿生智能机器人具有高度非线性动力学特性和复杂多变的外部扰流干扰, 利用传统控制方法很难对无模型且环境易变的水下仿生智能机器人进行控制。强化学习算法融合多种传感信息, 通过与环境实时数据交互, 结合历史经验数据更新运动行为, 提高运动能力, 为水下仿生智能机器人智能化研究提供了有效的途径。第 4 章提出了基于强化学习的水下目标跟随控制方法。采用了 DDPG 算法作为基本的强化学习算法, 通过合理设计状态向量、动作向量和回报函数, 使强化学习控制器能够很好地达到所期望的控制效果。通过充分的仿真实验及分析, 本书探索了强化学习控制器的鲁棒性及自适应能力, 并通过物理实验验证了强化学习控制器能够有效地控制仿生机器鱼对目标物体进行跟随, 实现了基于强化学习的仿生机器鱼目标跟随控制。第 6 章提出了应用于机器水母的增强学习姿态控制算法, 使机器水母具有自主学习并自主完成姿态控制的能力。仿真、实验表明, 控制系统收敛可以在有限步之内实现机器水母姿态的控制与镇定。

8.2　未来发展方向

目前, 水下仿生智能机器人的研究备受关注。基于"模仿自然、学习自然、改进自然、超越自然"的理念, 研究海洋生物与环境极度相适应的形态结构、运动方式和行为模式, 为人类海洋开发提供重要的理论方法和工程利器。从 1995 年第一条仿生机器鱼 RoboTuna 问世以来，经过 20 多年的不懈努力，国内外的研究人员相继推出大量的水下仿生智能机器人系统，以追求"更高、更快、更智能"的推进性能，但是其距离真实海洋生物的游动性能和行为决策还相差甚远。智能机器人的发展始终脱离不了底层平台研制、中层运动控制、高层智能决策的范畴。因此，作者认为，未来水下仿生智能机器人的研究还应集中在推进机理、推进机构、智能控制、海洋应用等方面。

1. 推进机理研究

推进机理的研究主要指探索鱼类、鲸豚类及水母类等运动方式产生高机动、高速度及高效率推进的原因。20 世纪 90 年代前，这类研究往往采用力学分析、实验观察及测量等手段，产生了众多的理论，例如，细长体理论、二维波动板理论、三维波动板理论等。随着科技的发展，研究手段也不断进步。现在，DPIV、CFD 等技术不断引入推进机理的研究中，实现鱼类运动三维流场信息的测量和数值模拟，加深对鱼游涡流控制等的理解和认识。但是，由于流体力学的复杂性及对鱼类减阻等机制认识的局限性，尚有许多问题未能得到满意的解决，例如，著名的 Gray 悖论。因此，推进机理的研究势必仍是未来研究的重要内容。水下仿生智能机器人，例如机器鱼、机器海豚等能够重复模拟期望动作，实现反复而细致的观察与分析，无疑能够推动机理研究的发展。同时，推进机理的不断进步又能为水下仿生智能机器人推进性能的提高提供重要的理论基础。

2. 推进机构设计与优化

目前，水下仿生智能机器人采用的推进机构大致分为两类：直流电机(舵机)驱动的多关节离散机构和智能材料驱动的连续机构。采用智能材料驱动，例如，SMA、IPMC 等，往往更倾向探索材料的性能及驱动条件。但因局限于材料的特性和技术的不成熟，该类机器人仅能表现出有限的推进性能。不过，作为连续机构特征的气动驱动机构，例如 MIT 的 Daniela Rus 团队研制的气动软体机器鱼，现在已能表现出较好的推进能力，是今后优化鱼游推进性能的不错选择。现阶段，开发实用的高速、高机动的仿生推进机构往往还要依靠直流电机驱动的多关节机构，例如北京航空航天大学及中国科学院沈阳自动化研究所的多关节仿生鱼游机构。显然，追求极限的推进性能，是对机构的极大考验。如何在充分考虑减小阻力、减轻自重、增加强度、增大动力等条件下，充分挖掘机构潜能，研制及优化精良的仿生推进机构，是追求水下仿生智能机器人高性能研究的重要课题。

3. 控制方法研究

水下仿生智能机器人的控制方法研究包含的内容相当广泛，不仅涉及仿生机器人机动运动、多模态运动等个体基本运动控制，还涉及多仿生机器人的协作及集群控制，而且涉及复杂环境下的导航定位、路径规划及行为策略等。目前的研究往往更多地集中在仿生机器人基本运动控制上，例如，采用生物鱼体波离散化方程和仿生 CPG 模型生成仿生游动步态、基于水动力学模型构建鱼游运动的控制器等。既然水下仿生智能机器人的研究要追求推进的高性能，那么针对其基本运动的研究势必仍将继续，而且在相当长的时间范围内还应该是主要的研究内容。此外，在人工智能的大背景下，机器人的智能控制越来越受到关注。如何利用学习的理念，让水下仿生智能机器人具备自我学习、自我进化的能力，提高执行任务的智能性，是未来研究的热点。在自然界中，鱼类往往以集群的形式进行觅食、御敌和巡游。受到群体智能的启发，利用多个机器鱼组成协作系统，有利于提高水下作业的效率和系统的鲁棒性。然而，由于水下环境复杂多变，多机器鱼间的协作不仅受到自身动力学的高自由度和强非线性动力学特征的影响，还受到水声通信的动态性、长时延、低带宽等弱通信环境的限制。在多水下仿生智能机器人协作控制方面，已有多家研究单位涉及，但仍属于起步阶段。由于水下环境的特殊性，受通信及能源等技术瓶颈的限制，多水下仿生智能机器人的协作控制将是一个非常有挑战的方向。此外，随着仿生机器人实用化方向的发展，仿生机器人的水下导航定位、路径规划及行为决策等问题也将会引起重视。虽然常规 AUV 在此方面已有较多的借鉴成果，但仍需考虑仿生推进的特殊性，对该方向进行更深入的研究。

4. 海洋应用研究

水下仿生智能机器人的研究已有 20 多年的历史，但目前多数仍处于实验室研究阶段，有效可靠、已投入实际应用的很少，这是一个需要深思的问题。鉴于螺旋桨推力大、速度快、结构简单、安装方便等优点，主流用于海洋开发的水下机器人仍以螺旋桨作为驱动力。相比之下，水下仿生推进研究尚不成熟，主要以推进机理及控制研究为主，实际工程化应用研究较少。但是，在机动性、低扰性等方面，水下仿生智能机器人已经展现出较大的优势。因此，未来水下仿生智能机器人应在特定优势领域迈出海洋应用的第一步。实践出真知。海洋工程是复杂的系统工程。在仿生推进实用化的工程中，不可避免地会遇到各类实际工程问题。因此，水下仿生智能机器人研究，应尽快进行海洋应用的探索与实践。在海洋实际应用中，遇到工程问题，改进及解决问题，才能够得到快速发展和进步，提高实际应用能力。上述几点研究内容的解决是水下仿生智能机器人实用化的前提，如何提高水下机器人的可靠运行，如何解决实际应用中面临的各项问题，将是水下仿生智能机器人应用研究主要考虑的问题。总体来讲，水下仿生智能机器人应与各式各样的应用场景深度结合，才能在海洋科技创新、海洋经济建设中发挥更大作用。

索　引

彩　　图

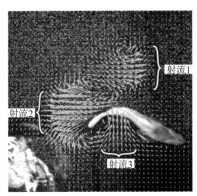

(a) DPIV捕获的蓝鳃太阳鱼C形逃逸射流

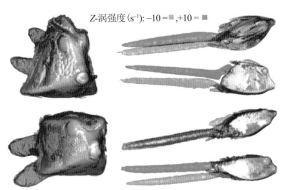

Z-涡强度(s⁻¹): $-10 =$ ■, $+10 =$ ■

(b) CFD仿真的箱鲀体表涡旋模式

图 1.1　鱼类游动机理研究

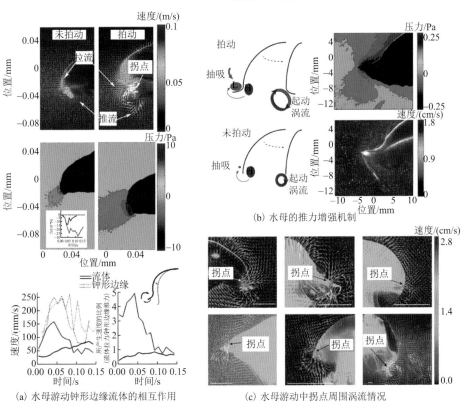

(a) 水母游动钟形边缘流体的相互作用

(b) 水母的推力增强机制

(c) 水母游动中拐点周围涡流情况

图 1.15　水母游动时涡流情况分析示意图

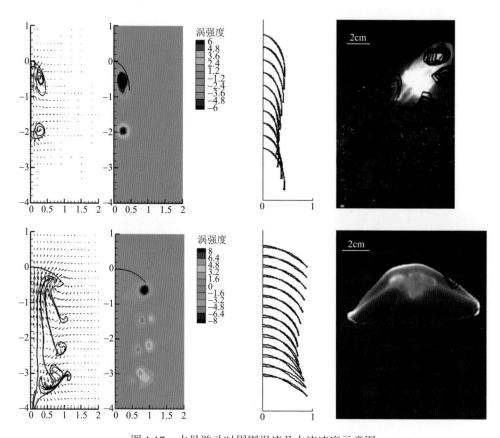

图 1.17　水母游动时周围涡流及水流速度示意图

横轴已作归一化处理，纵横表示的是序列，无单位，数据表示流场区域与水母伞盖半径的比值

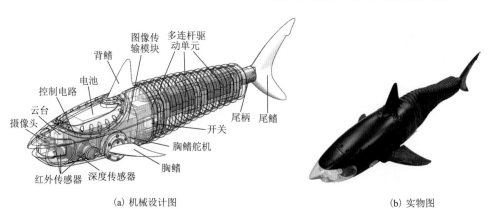

(a) 机械设计图　　　　　　　　　　　(b) 实物图

图 2.1　仿生机器鲨鱼总体设计图

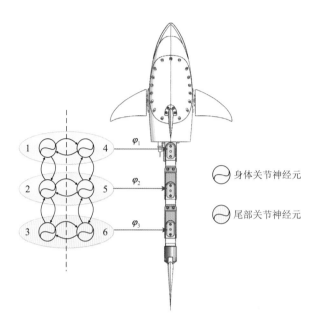

图 2.10　仿生机器鲨鱼 CPG 模型结构图　　　　图 5.3　三维定位的人工地标

(a) 采集到的水下图像

(b) 识别出的候选中心位置

(c) 确定的入口中心

(d) 识别出的长轴与短轴

图 5.4　基于人工地标的水下图像处理结果

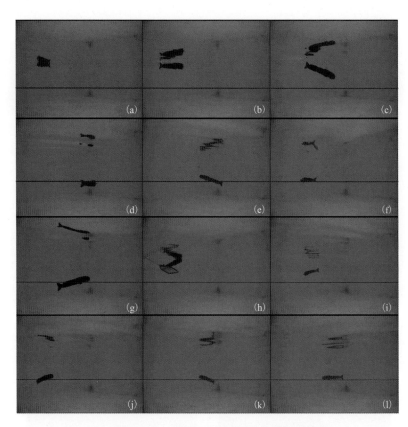

图 5.11 一组定深控制的抗干扰视频截图

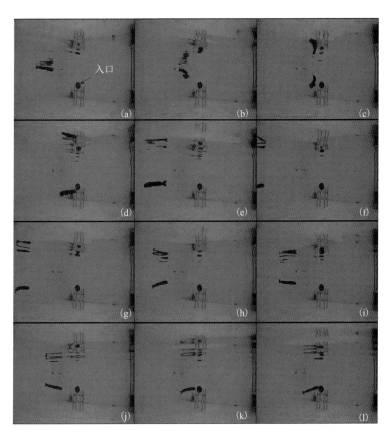

图 5.16　水下摄像头拍摄的一组三维跟踪控制的视频截图

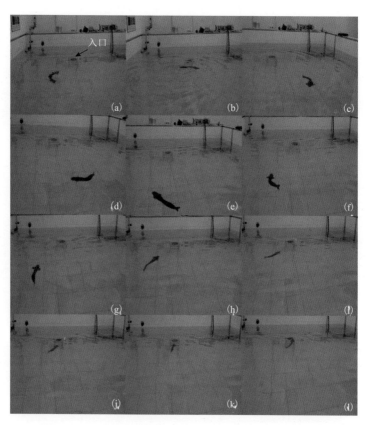

图 5.17 全局摄像头拍摄的一组三维跟踪控制的视频截图

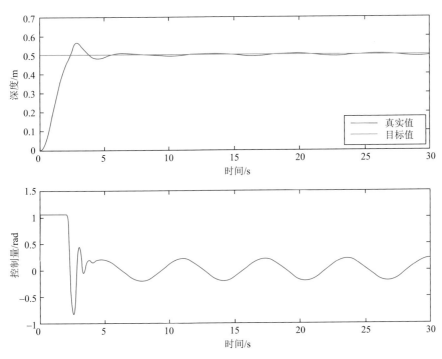

图 5.18   基于模糊滑模的定深控制结果

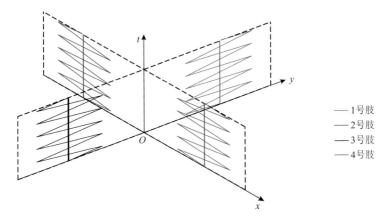

图 6.13   机器水母的四肢振荡器空间关系

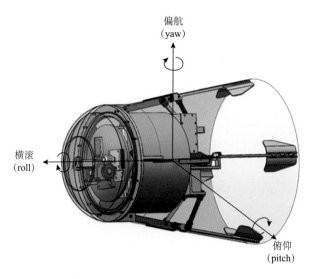

图 6.22　机器水母姿态坐标系定义

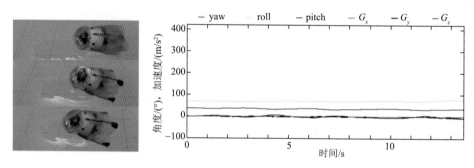

图 6.23　机器水母水平直游视频截图及姿态角变化曲线

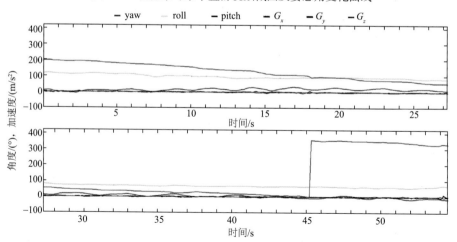

图 6.25　机器水母水平转弯姿态角变化曲线

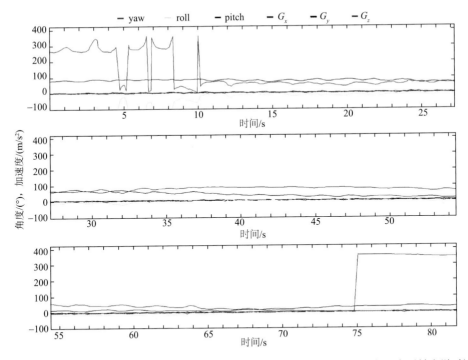

图 6.27　机器水母三维姿态变化曲线（先竖直直游，后改变姿态而沿着水面水平转向游动）

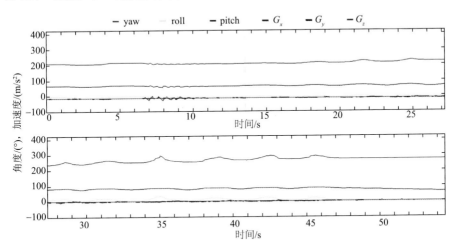

图 6.29　机器水母复合运动姿态角变化曲线

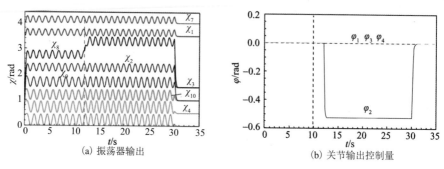

(a) 振荡器输出   (b) 关节输出控制量

图 7.7　地面 CPG 运动控制仿真结果

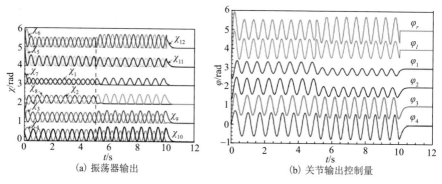

(a) 振荡器输出   (b) 关节输出控制量

图 7.8　水下仿鱼游动的 CPG 运动控制波形

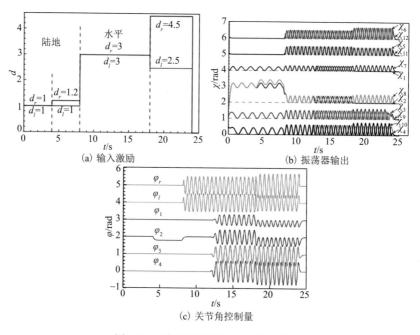

(a) 输入激励   (b) 振荡器输出

(c) 关节角控制量

图 7.9　两栖运动控制 CPG 仿真结果

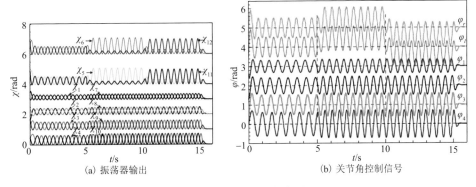

(a) 振荡器输出　　　　　　　　　　(b) 关节角控制信号

图 7.10　俯仰运动仿真结果

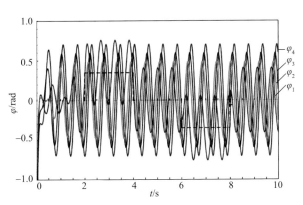

图 7.22　利用 J_1 转弯避障的输出关节角信号

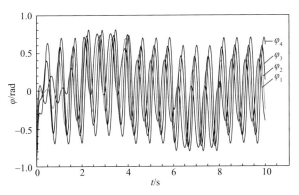

图 7.23　利用 $J_1 \sim J_4$ 协调转弯避障的输出关节角信号